KB138179

초등수학 레벨 테스트

6학년

이윤원
카이스트 전기·전자공학부를 졸업하고, 카이스트 대학원과 서울대학교 대학원에 합격했지만 과감히 입학을 포기하고 공부를 하며 느꼈던 공부의 원리와 즐거움을 아이들에게 전해 주고 싶어 교육 분야에 뛰어들었다. 현재는 학원 원장으로 수업을 하면서 수학 학습 분야의 책을 쓰고, 전국의 많은 학교에 강연을 다니고 있다. 20년이 넘는 시간 동안 초등학생부터 고등학생, 최하위권부터 최상위권에 이르기까지 다양한 학생을 만나면서 데이터베이스가 쌓였다. 이제는 학생이 공부하는 모습만 봐도 학교 시험 성적과 미래의 수능 등급이 뻔히 예측이 될 정도이다. 지은 책으로는 청소년수학소설『수학특성화중학교』 시리즈와 수학공부법을 알려 주는『최상위권 수학머리 만들기』, 친절한 수능 분석서『읽기만 해도 최소 수능 2등급이라니!』가 있다.

이세영
성신여자대학교 수리통계데이터사이언스 학부에 재학 중이며 통계학 전공 대학원에 입학할 예정이다. 이윤원 선생님의 제자이며 과외를 통해 초등학생들을 가르친 경험으로 해당 문제집을 집필하였다. 이윤원 선생님에게 받은 가르침을 바탕으로 하위권, 상위권 학생 각각에게 맞는 수업 방식을 제시하고 지도하면서 학생들이 수학 공부를 즐기도록 노력하고 있다.

초등수학 레벨 테스트 6학년

초판 1쇄 발행 2024년 2월 28일
초판 2쇄 발행 2024년 3월 19일

지은이 이윤원·이세영

발행인 장상진
발행처 경향미디어
등록번호 제313-2002-477호
등록일자 2002년 1월 31일

주소 서울시 영등포구 양평동 2가 37-1번지 동아프라임밸리 507-508호
전화 1644-5613 | **팩스** 02) 304-5613

ISBN 978-89-6518-345-7 63410

• 값은 표지에 있습니다.
• 파본은 구입하신 서점에서 바꿔드립니다.

1. 제품명 : 초등수학 레벨 테스트 6학년 **2. 제조자명 :** 경향미디어
3. 주소 : 서울시 영등포구 양평동 2가 37-1번지 동아프라임밸리 507호
4. 전화번호 : 1644-5613 **5. 제조국 :** 대한민국
6. 사용연령 : 8세 이상 **7. 제조연월 :** 2024년 2월
8. 취급상 주의사항
- 종이에 베이거나 긁히지 않도록 조심하세요.
- 책 모서리가 날카로우니 던지거나 떨어뜨리지 마세요.

초등수학 점수는 진짜 실력이 아니다

초등수학 레벨 테스트

6학년

이윤원·이세영 지음

경향미디어

머리말

초등생 자녀의 진짜 수학 실력을 알고 있나요?

초등학교에서 치르는 시험은 매우 쉽습니다. 기본 문제집만 풀 수 있으면 대부분 90~100점을 받습니다. 그래서 아이가 수학을 잘하고 있다고 생각합니다. 그랬던 아이가 중등수학을 시작하면서 갑자기 많이 어려워하고, 성적도 뚝 떨어집니다. 그러다가 고등학교에 입학하면 30점, 40점밖에 못 받는 처참한 현실을 맞닥뜨리게 됩니다.

이런 상황을 정말 수도 없이 많이 봤습니다. 믿고 싶지 않겠지만 바로 내 아이의 미래일 가능성도 큽니다. 대체 왜 그런 것일까요? 단지 중·고등 수학이 급격히 어려워져서일까요? 아닙니다! 초등학교 때 수학을 잘했던 아이는 중·고등학교 수학도 역시 잘합니다. 사실 그 아이는 원래 수학을 못한 아이입니다. 그냥 자기 실력에 맞는 점수를 받은 것입니다.

내 아이는 심화 문제집도 거뜬히 풀고 있으니 아닐 것이라고요? 제 경험에 따르면 초등 기간 내내 『디딤돌 최상위수학』까지 푼 아이들이 중학교 시험에서 80점, 90점도 못 받더니, 결국 고등학교에서는 평균을 못 넘기기도 했습니다. 그 아이들은 그동안 선생님의 설명을 듣고, 답안지의 해설을 읽고 단순히 따라 풀었던 것입니다. 그러면서 자기도 모르게 자신이 풀 수 있다고 생각했고, 부모님도 속게 된 것입니다.

쉬운 초등학교 시험과 풀고 있는 문제집은 절대로 객관적인 수학 실력을 판단하는 기준이 될 수 없습니다. 대부분의 초등 부모님이 갖고 있는 '내 아이는 수학을 잘해!'라는 착각에서 벗어나야 합니다. 진짜 수학을 잘한다는 것은 성적으로 줄 세우기 위해 어렵게 출제되는 중·고등학교 시험을 잘 볼 수 있는 실력을 갖추는 것입니다.

그러기 위해서는 먼저 내 아이의 진정한 실력을 정확히 파악해야 합니다. 지금 내 아이가 중학교, 고등학교에 가서도 수학을 잘할 수 있게 공부하고 있는지를 알아야 합니다. 초등 시험에서 항상 90점 이상을 받아 온다고 눈이 흐려지면 안 됩니다. 내 아이가 수학을 잘한다는 착각에 빠져 실력이 맞지 않는 상위권 학원에 보내고, 좌절감만 주는 심화 문제집을 푼다면 오히려 심각한 역효과를 낼 뿐입니다. 아이의 수준을 정확하게 파악해야 알맞은 공부 계획을 세우고 진짜 수학 실력을 제대로 높일 수 있습니다.

그렇다면 어떻게 초등 아이의 객관적인 수학 실력을 파악할 수 있을까요? 솔직히 수학 전문가가 아닌 이상 옆에서 지켜보는 것만으로는 판단하기 어렵습니다. 그래서 대형 수학 학원의 레벨 테스트 투어를 다니는 부모님들이 있습니다. 하지만 일일이 전화해서 예약해야 하고, 시간을 맞춰서 찾아가야 하고, 비용도 1~5만 원 정도 들기도 합니다. 아이의 학습 태도와 성취도는 계속해서 변화합니다. 그래서 주기적으로 평가하면서 관찰해야 하는데 이렇게 번거로운 과정을 과연 몇 번이나 할 수 있을까요?

시험이라는 단어가 주는 중압감과 딱딱한 분위기에 아이들은 100% 실력 발휘를 못하기도 합니다. 또한 학원별로 문제 난이도가 천차만별인데 시험지는 공개하지도 않습니다. 아쉬운 결과를 말했을 때 부모님들이 기분 나빠하기도 하고, 학원에 보내기 위해 듣기 좋은 말로 안심시키기도 합니다. 이런 수학 학원의 레벨 테스트 결과가 얼마나 객관적일까요? 과연 신뢰할 수 있을까요?

그래서 초등학생 자녀를 둔 부모님들을 위해 이 책을 쓰기 시작했습니다. 이제 이 책을 통해 집에서 내 아이의 진정한 수학 실력을 정확하게 파악하고 점검하세요.

이 책의 특징과 장점은 다음과 같습니다.

① 초등 6학년 단원별 단원 평가와 학기말 평가를 수록했습니다. 각 단원, 학기가 끝날 때마다 주기적으로 평가하면서 중학교 입학 전까지 꾸준히 아이의 성취도 변화를 점검표에 기록하면서 관찰할 수 있습니다.

② 각 평가는 개념(●) 6문제, 응용(●●) 6문제, 고난도(●●●) 5문제, 최고난도(●●●●) 3문제 해서 총 20문제로 구성했습니다. 단원별로, 난이도별로 결과를 분석할 수 있고 부족한 부분을 발견하여 공부 계획을 세우는 데 도움을 줍니다.

③ 각 평가의 점수를 통해 현재 실력으로 고등학교에 진학하면 몇 등급을 받을 수 있을지 예상해 놓았습니다. 20년이 넘게 아이들을 가르치면서 정해진 시간 안에 이 정도 수준의 문제를 풀었을 때 고등학교에서는 몇 등급을 받았는지 제 경험을 통해 예측한 것이니 참고하기 바랍니다.

④ 각 평가의 점수를 통해 객관적인 아이의 학습 수준과 문제해결력을 파악할 수 있습니다. 현재 실력이 어느 수준인지 분석하여 아이에게 알맞은 학습 목표와 문제집을 추천합니다.

⑤ 평가 시간은 45분으로 정해진 시간 내에 실수하지 않고 시험을 잘 보는 연습을 할 수 있습니다. 학년이 올라갈수록 제한 시간의 압박 때문에 평소 실력을 발휘하지 못하고 시험을 망치는 경우가 많은데 실제 시험을 치르듯이 미리 충분한 연습을 할 수 있습니다.

⑥ 교과 연계성이 높은 고난도 문제를 엄선 수록하여 문제해결력을 정확히 점검하고 강화할 수 있습니다. 선행 학습이 필요 없는, 깊이 생각해서 풀 수 있는 심화 문제를 풀어봄으로써 사고력을 길러 줍니다.

⑦ 해설은 이해하기 쉽도록 친절하게 풀어서 설명하여 틀린 문제를 꼼꼼히 복습할 수 있습니다. 어떤 과정을 거쳐 정답에 접근하는지 사고의 흐름과 풀이 방향을 제공합니다.

⑧ 낯선 학원의 어색한 분위기에서 시험을 치르는 것이 아니라 편안하고 익숙한 공간에서 시험을 치를 수 있습니다. 새로운 환경에 적응하지 못해 긴장하고 평가에 집중하지 못하는 상황을 방지해 결과의 신뢰도를 높입니다.

⑨ 평가 후에 기다리지 않고 결과를 바로 확인할 수 있습니다. 내 아이에 관한 어떤 피드백이든 표정 관리하면서 남에게 듣지 않아도 됩니다.

⑩ 평가 문제를 공개하지 않아 대체 어떤 문제가 나왔고, 어떤 문제를 틀린 건지 궁금해할 필요가 없습니다. 오답을 직접 확인하고 고치는 과정에서 부족한 부분을 정확히 보완할 수 있습니다.

이 책의 평가는 내 아이의 앞으로 길고 긴 수학 공부 여정에서 현재 단원, 이 순간에 대한 평가이지 최종 결과가 아닙니다. 좋은 점수에 지나친 기대를, 아쉬운 점수에 상심할 필요도 없습니다. 앞으로 어떻게 공부하느냐에 따라 얼마든지 점수가 더 좋아질 수도, 더 나빠질 수도 있습니다. 다만 이것이 초등 시험에서 항상 90~100점을 받는 내 아이의 객관적인 수학 실력이라는 것은 냉정하게 받아들여야 합니다. 너무 과대평가도 하지 말고, 과소평가도 하지 말고 내 아이를 딱 정확하게 바라볼 수 있어야 합니다. 그래야 내 아이에게 올바른 방향을 잡아 주고 계획을 세울 수 있습니다.

초등생인 내 아이가 과연 수학 공부를 잘하고 있는지 궁금하다면 이 책을 펼치길 바랍니다. 단원이 끝날 때마다, 학기를 마칠 때마다 집에서 객관적인 평가를 하면서 실력을 점검하고 수준에 알맞은 학습 계획을 세워 공부하길 바랍니다. 그렇게 공부하면 이 책의 마지막 평가까지 끝마쳤을 때쯤 이제 내 아이는 진정한 '수학 잘하는 아이'가 되어 있을 것입니다. 자신감 넘치게 중학교에 입학할 테고, 고등학교에서 훨훨 날아다닐 것입니다. 뛰어난 수학 성적으로 원하는 대학에 합격해서 초등 때 풀던 이 책이 떠오른다면 큰 영광일 것입니다.

예상 고등수학 등급 & 학습 성취도 분석 & 추천 문제집

점수	등급	분석
90점 이상	1등급	수학 최상위권입니다. 선행 학습의 속도와 수준을 높이고, 최고난도 심화 문제를 풀며 경시대회 입상에 도전하길 바랍니다. 문제집 디딤돌 최상위수학, 최상위쎈, 개념+유형 최상위탑, 문제해결의길잡이 심화
80점 이상	2등급	수학 상위권입니다. 1년 이상 선행 학습을 목표하고, 고난도 심화 문제를 풀며 최상위권에 도전하길 바랍니다. 문제집 디딤돌 최상위S, 쎈, 개념+유형 파워, 문제해결의길잡이 원리
70점 이상	3등급	수학 중상위권입니다. 1학기 이상 선행 학습을 목표하고, 다양한 응용 문제를 풀며 문제해결력을 높이길 바랍니다. 문제집 디딤돌 응용, 라이트쎈, 개념+유형 라이트
60점 이상	4등급	수학 중위권입니다. 많은 문제를 풀기보다는, 한 문제를 풀더라도 정확하게 해결하는 습관이 필요합니다. 문제집 디딤돌 기본, 개념쎈
50점 이상	5등급	수학 중하위권입니다. 교과서 개념을 꼼꼼하게 정리하고, 개념 문제를 완벽하게 풀 수 있도록 연습합니다. 문제집 개념+연산 파워
50점 미만	6등급	수학 하위권입니다. 교과서 문제부터 차근차근 해결하는 연습을 하며, 연산교재를 병행하길 바랍니다. 문제집 개념+연산 라이트

※ 예를 들어 65점은 4등급, 80점은 2등급입니다.

평가 결과 점검표

학기	단원	날짜	점수	등급
6-1	1. 분수의 나눗셈			
	2. 각기둥과 각뿔			
	3. 소수의 나눗셈			
	4. 비와 비율			
	5. 여러 가지 그래프			
	6. 직육면체의 부피와 겉넓이			
	1학기말 평가			
6-2	1. 분수의 나눗셈			
	2. 소수의 나눗셈			
	3. 공간과 입체			
	4. 비례식과 비례배분			
	5. 원의 둘레와 넓이			
	6. 원기둥, 원뿔, 구			
	2학기말 평가			

차례

6학년 1학기

6학년 2학기

6학년 1학기

1 분수의 나눗셈

○ 날짜

○ 이름

○ 배점 단답형 20문제 100점(각 문제는 5점씩입니다.)

○ 평가 시간 45분

○ 맞은 개수 /20

○ 예상 고등 수학 등급

1등급	90점 이상	2등급	80점 이상	3등급	70점 이상
4등급	60점 이상	5등급	50점 이상	6등급	50점 미만

※ 예를 들어 65점은 4등급, 80점은 2등급입니다.

○ 학부모 확인

○ 주최 행복한 우리집

※ 시험이 시작되기 전까지 이 페이지를 넘기지 마세요.

분수의 나눗셈

정답과 풀이 88쪽

1 혜선이는 일정한 빠르기로 7분 동안 $\frac{9}{10}$km를 뛰었습니다. 혜선이가 1분 동안 뛴 거리를 구하시오.

( )km

2 정사각형의 둘레가 $1\frac{5}{7}$m일 때, 이 정사각형의 한 변의 길이를 구하시오.

( )m

3 수 카드 3장 중에서 2장을 사용하여 가장 큰 진분수를 만들었을 때, 만든 진분수를 7로 나눈 몫을 구하시오.

4 7 9

( )

4 □ 안에 들어갈 수 있는 자연수 중에서 가장 큰 수를 구하시오.

$$\frac{\square}{8} < 11\frac{3}{8} \div 7$$

( )

5 어떤 수를 8로 나누어야 할 것을 잘못하여 곱했더니 $\frac{40}{7}$이 되었습니다. 바르게 계산한 몫을 구하시오.

( )

6 정사각형을 똑같이 4칸으로 나누어 3칸에 색칠했습니다. 색칠한 부분의 넓이를 구하시오.

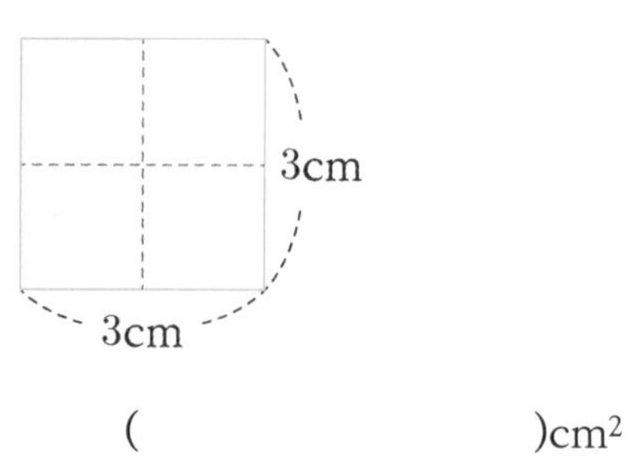

( )cm^2

7 똑같은 책 8권이 들어 있는 상자의 무게는 $2\frac{1}{5}$ kg입니다. 빈 상자의 무게가 $\frac{2}{5}$ kg일 때, 책 1권의 무게는 몇 kg인지 구하시오.

( )kg

8 길이가 $27\frac{6}{7}$ m인 직선 도로의 한쪽에 처음부터 끝까지 가로등 14개를 같은 간격으로 설치했습니다. 가로등 사이의 간격은 몇 m인지 구하시오.(단, 가로등의 두께는 생각하지 않습니다.)

( )m

9 한 변의 길이가 $2\frac{3}{4}$ cm인 정오각형과 둘레가 같은 정사각형의 한 변의 길이를 구하시오.

( )cm

10 수 카드 4장을 한 번씩 모두 사용하여 (대분수) ÷ (자연수)의 나눗셈식을 만들려고 합니다. 몫이 가장 큰 나눗셈식을 만들어 계산하시오.

4 5 7 9

$\square\frac{\square}{\square} \div \square$

( )

11 계산 결과가 자연수가 되도록 할 때, □ 안에 들어갈 수 있는 가장 작은 자연수를 구하시오.

$4\frac{1}{6} \times \square \div 5$

( )

12 자동차를 타고 10분 동안 $6\frac{2}{3}$ km를 갔습니다. 이 자동차를 타고 같은 빠르기로 16분 동안 간다면 몇 km를 갈 수 있는지 구하시오.

( )km

13 수직선에서 3과 8 사이를 똑같이 6칸으로 나누었을 때, ㉠과 ㉡이 나타내는 수의 합을 구하시오.

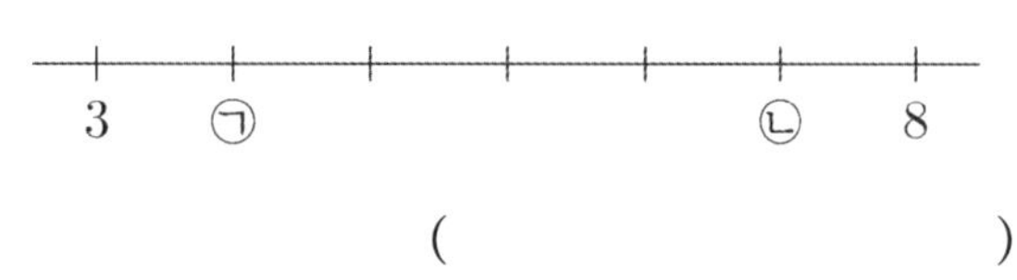

( )

14 어떤 일을 한빈이가 혼자 하면 10일이 걸리고, 건욱이가 혼자 하면 15일이 걸립니다. 이 일을 두 사람이 함께 하면 며칠 만에 끝낼 수 있는지 구하시오.(단, 두 사람이 하루에 일하는 양은 각각 일정합니다.)

( )일

15 일정한 빠르기로 4일에 $5\frac{3}{5}$분 빨라지는 시계가 있습니다. 이 시계를 7월 1일 오전 6시에 정확히 맞추어 놓았다면 7월 3일 오후 6시에 이 시계가 가리키는 시각은 오후 몇 시 몇 분 몇 초인지 구하시오.

오후 ( )시 ( )분 ( )초

16 다음과 같이 정사각형을 크기가 같은 3개의 직사각형으로 나누었습니다. 정사각형의 둘레가 $5\frac{1}{7}$cm일 때, 색칠한 부분의 둘레를 구하시오.

( )cm

17 승우와 종석이가 물 $9\frac{5}{7}$L를 나누어 마시려고 합니다. 종석이가 승우보다 $1\frac{1}{3}$L를 더 많이 마셨을 때, 승우가 마신 물은 몇 L인지 구하시오.

( )L

18 현아와 현정이는 직선 도로의 같은 장소에서 출발하여 서로 반대 방향으로 가고 있습니다. 현아는 4분 동안 $\frac{3}{5}$km를 가는 빠르기로 걸어가고, 현정이는 5분 동안 $\frac{2}{3}$km를 가는 빠르기로 걸어갑니다. 두 사람이 출발한 지 12분 후 두 사람 사이의 거리를 구하시오.

( )km

19 다음 그림에서 삼각형과 사다리꼴의 넓이의 합은 $33\frac{11}{12}$ cm²입니다. □ 안에 알맞은 수를 구하시오.

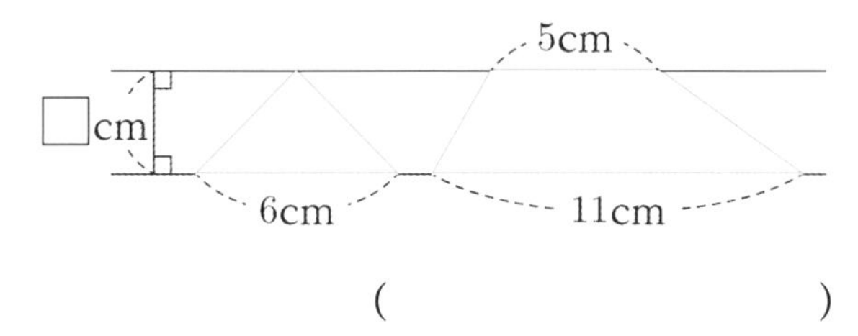

(　　　　　　　　　　)

20 ㉠ = ㉡ + 1일 때, $\frac{1}{㉡\times㉠}=\frac{1}{㉡}-\frac{1}{㉠}$임을 이용하여 다음을 계산하시오.

$$\left(\frac{1}{12}+\frac{1}{20}+\frac{1}{30}+\frac{1}{42}+\frac{1}{56}+\frac{1}{72}\right)\div 2$$

(　　　　　　　　　　)

2 각기둥과 각뿔

○ 날짜

○ 이름

○ 배점 단답형 20문제 100점(각 문제는 5점씩입니다.)

○ 평가 시간 45분

○ 맞은 개수 /20

○ 예상 고등 수학 등급

1등급	90점 이상	2등급	80점 이상	3등급	70점 이상
4등급	60점 이상	5등급	50점 이상	6등급	50점 미만

※ 예를 들어 65점은 4등급, 80점은 2등급입니다.

○ 학부모 확인

○ 주최 행복한 우리집

※ 시험이 시작되기 전까지 이 페이지를 넘기지 마세요.

각기둥과 각뿔

정답과 풀이 90쪽

1 밑면의 모양이 육각형인 각기둥의 꼭짓점은 몇 개인지 구하시오.

( )개

2 꼭짓점이 14개인 각뿔의 모서리는 몇 개인지 구하시오.

( )개

3 모서리가 15개인 각기둥의 꼭짓점은 몇 개인지 구하시오.

( )개

4 각기둥을 만들려면 적어도 몇 개의 면이 필요한지 구하시오.

( )개

5 옆면이 다음과 같은 삼각형 7개로 이루어진 각뿔이 있습니다. 이 각뿔의 밑면의 둘레를 구하시오.

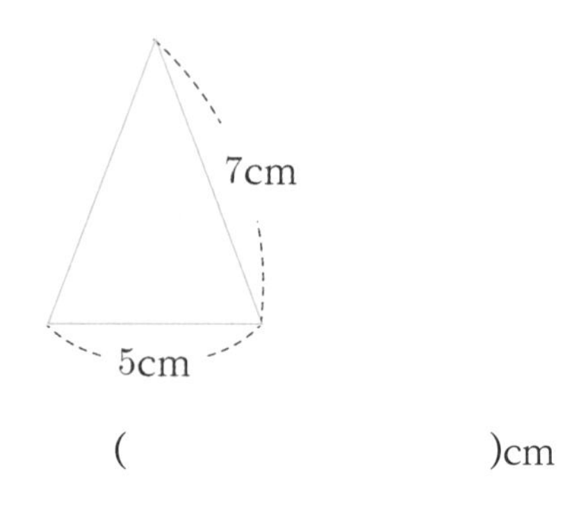

( )cm

6 모든 모서리의 길이가 같은 팔각뿔이 있습니다. 이 팔각뿔의 모든 모서리의 길이의 합이 144cm일 때, 한 모서리의 길이를 구하시오.

( )cm

7 면이 9개인 각기둥의 꼭짓점은 몇 개인지 구하시오.

( )개

8 밑면이 정오각형이고, 옆면이 다음과 같은 삼각형으로 이루어진 각뿔이 있습니다. 이 각뿔의 옆면의 넓이의 합을 구하시오.

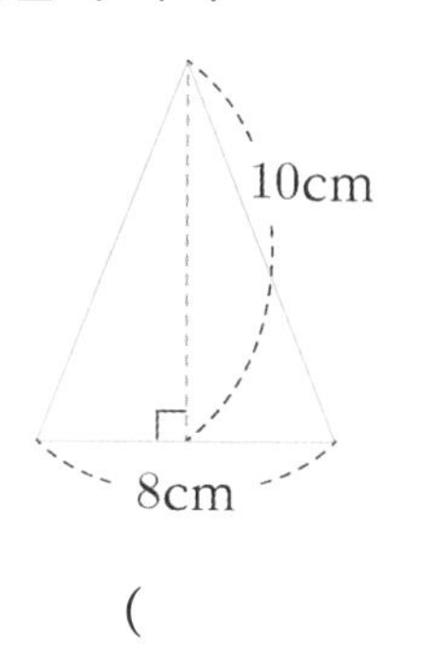

( )cm^2

9 삼각기둥의 전개도에서 면 ㅁㅂㅅ의 넓이가 $24cm^2$일 때, 이 삼각기둥의 옆면의 넓이의 합을 구하시오.

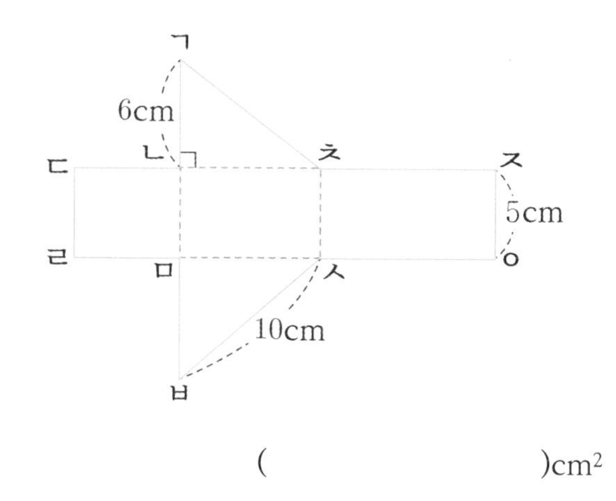

( )cm^2

10 모서리가 18개인 각기둥이 있습니다. 이 각기둥과 밑면의 모양이 같은 각뿔의 꼭짓점은 몇 개인지 구하시오.

( )개

11 꼭짓점이 7개인 각뿔이 있습니다. 이 각뿔의 모서리와 면의 수의 합을 구하시오.

( )개

12 어느 각기둥의 꼭짓점과 모서리의 수의 합이 50개일 때, 이 각기둥과 밑면의 모양이 같은 각뿔의 면, 모서리, 꼭짓점의 수의 합을 구하시오.

( )개

13 다음과 같은 삼각형 모양의 종이를 사용하여 입체도형을 만들려고 합니다. ㉠ 모양 2장과 ㉡ 모양 2장을 모두 사용하여 만든 입체도형의 모든 모서리의 길이의 합은 몇 cm인지 구하시오.

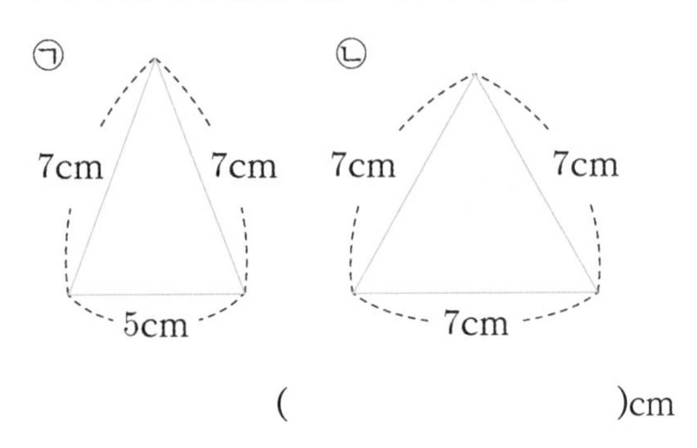

( )cm

14 다음을 모두 만족하는 입체도형의 꼭짓점의 수를 구하시오.

- 밑면이 2개입니다.
- 옆면이 모두 직사각형입니다.
- (면의 수) + (모서리의 수) + (꼭짓점의 수) = 38(개)

( )개

15 서로 다른 세 각뿔의 꼭짓점의 수의 합이 27개일 때, 세 각뿔의 모서리의 수의 합을 구하시오.

( )개

16 밑면이 정사각형이고 높이가 12cm인 사각기둥의 모든 모서리의 길이의 합이 96cm일 때, 이 사각기둥의 한 밑면의 넓이를 구하시오.

( )cm^2

17 사각기둥의 전개도에서 면 ㅅㅇㅈㅊ의 넓이가 30cm^2이고 면 ㄷㄹㅁㄴ의 넓이가 50cm^2일 때, 이 전개도의 둘레를 구하시오.

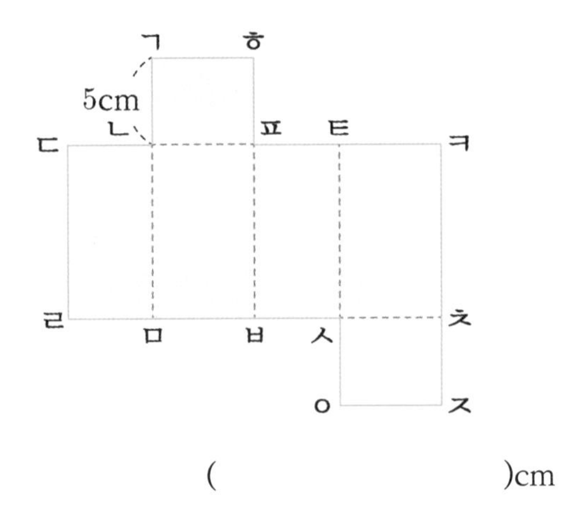

( )cm

18 다음을 모두 만족하는 입체도형의 꼭짓점은 몇 개인지 구하시오.

- 꼭짓점의 수와 면의 수가 같습니다.
- 모서리와 면의 수의 합은 28개입니다.

( )개

19 밑면이 정사각형이고 높이가 15cm인 각기둥의 옆면에 모두 페인트를 칠했습니다. 이 각기둥을 바닥에 놓고 한 방향으로 2바퀴 굴렸더니 바닥에 색칠된 부분의 넓이가 360cm²일 때, 각기둥의 한 밑면의 넓이를 구하시오.

( )cm²

20 다음 전개도를 접어서 입체도형을 만들 때, 만든 입체도형에서 점 ㉠과 점 ㉡ 사이의 거리를 구하시오.

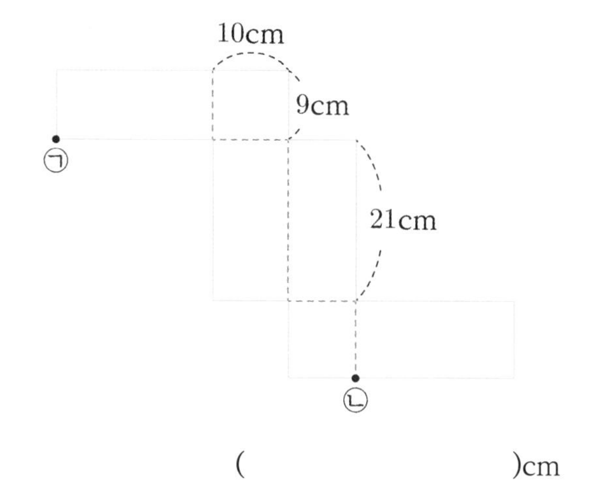

( )cm

3 소수의 나눗셈

○ 날짜

○ 이름

○ 배점 단답형 20문제 100점(각 문제는 5점씩입니다.)

○ 평가 시간 45분

○ 맞은 개수 /20

○ 예상 고등 수학 등급

1등급	90점 이상	2등급	80점 이상	3등급	70점 이상
4등급	60점 이상	5등급	50점 이상	6등급	50점 미만

※ 예를 들어 65점은 4등급, 80점은 2등급입니다.

○ 학부모 확인

○ 주최 행복한 우리집

※ 시험이 시작되기 전까지 이 페이지를 넘기지 마세요.

소수의 나눗셈

정답과 풀이 92쪽

1 둘레가 5.6m인 정사각형 모양의 정원이 있습니다. 이 정원의 넓이를 구하시오.

( )m^2

2 45÷18을 계산하시오.

( )

3 기차가 일정한 빠르기로 6분 동안 간 거리는 19.68km입니다. 이 기차가 9분 동안 갈 수 있는 거리를 구하시오.

( )km

4 1상자에 무게가 같은 책이 4권씩 들어 있습니다. 7상자의 무게가 10.08kg일 때, 책 1권의 무게를 구하시오.(단, 상자의 무게는 생각하지 않습니다.)

( )kg

5 가로가 4m, 세로가 2m인 직사각형 모양의 벽이 있습니다. 페인트 58.4L를 모두 사용하여 이 벽을 칠할 때, 1m^2의 벽을 칠하는 데 사용한 페인트의 양을 구하시오.

( )L

6 어떤 소수를 8로 나누어야 할 것을 잘못하여 곱했더니 92.8이 되었습니다. 바르게 계산한 몫을 구하시오.

( )

7 무게가 같은 오렌지 13개를 담은 바구니의 무게는 4kg입니다. 빈 바구니의 무게가 0.49kg일 때, 오렌지 1개의 무게를 구하시오.

( )kg

8 가로가 6cm, 세로가 7.2cm인 직사각형의 넓이는 밑변의 길이가 16cm, 높이가 4.5cm인 삼각형의 넓이의 몇 배인지 구하시오.

( )배

9 페인트 19L로 똑같은 상자 15개를 칠하려고 했더니 페인트가 0.5L 부족했습니다. 상자 1개를 칠하는 데 필요한 페인트의 양을 구하시오.

( )L

10 길이가 20.7m인 직선도로의 한쪽에 처음부터 끝까지 가로수 10개를 같은 간격으로 심었습니다. 가로수 사이의 간격은 몇 m인지 구하시오. (단, 가로수의 두께는 생각하지 않습니다.)

( )m

11 다음 그림에서 삼각형 ㄱㄴㅁ의 넓이는 직사각형 ㄱㄴㄷㄹ의 넓이의 0.45배입니다. 선분 ㅁㄹ의 길이를 구하시오.

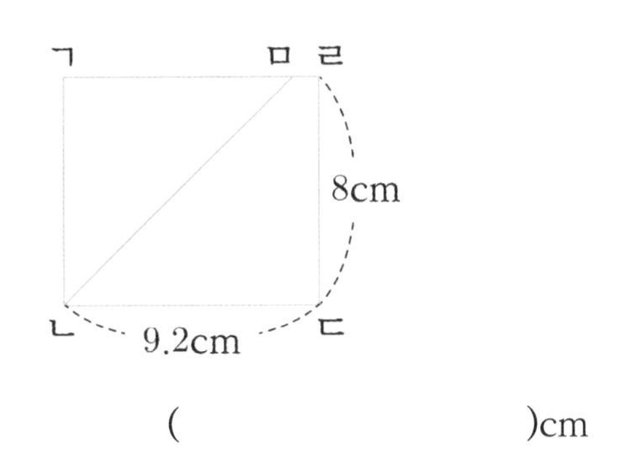

( )cm

12 무게가 같은 책 9권이 들어 있는 상자의 무게는 5.08kg입니다. 이 상자에서 책 5권을 꺼낸 후 무게를 재어 보니 2.98kg일 때, 빈 상자의 무게를 구하시오.

( )kg

13 수직선에서 4.48과 9.6 사이를 똑같이 8칸으로 나누었습니다. □ 안에 알맞은 수를 구하시오.

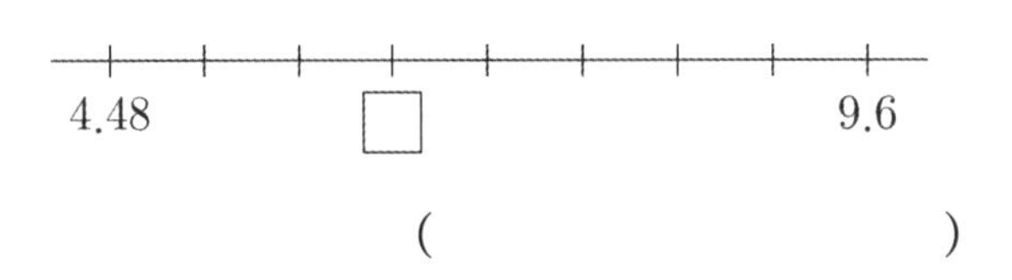

( )

14 3일에 7.65분씩 일정하게 느려지는 시계가 있습니다. 이 시계를 오늘 오전 9시에 정확하게 맞추어 놓았다면 10일 후 오전 9시에 이 시계가 가리키는 시각을 구하시오.

오전 ( )시 ( )분 ( )초

15 ㉠ 버스는 연료 1L로 15km를 갈 수 있고, ㉡ 버스는 연료 1L로 18km를 갈 수 있습니다. ㉠ 버스가 411km를 가는 데 필요한 연료를 ㉡ 버스에 넣으면 ㉡ 버스는 ㉠ 버스보다 몇 km를 더 갈 수 있는지 구하시오.

( )km

16 다음과 같이 정사각형을 크기가 같은 4개의 직사각형으로 나누었습니다. 색칠한 직사각형의 둘레가 43cm일 때, 처음 정사각형의 한 변의 길이를 구하시오.

( )cm

17 준혁이와 미정이는 기차를 타고 서울역에서 출발하여 대전역에 가려고 합니다. 준혁이는 일정한 빠르기로 1시간에 94km를 가는 ㉠ 기차를 타고 3시간 15분이 걸렸습니다. 미정이는 ㉡ 기차를 타고 3시간 동안 갔는데 아직 47.05km가 남았습니다. ㉡ 기차의 빠르기가 일정할 때, ㉡ 기차가 1시간 동안 가는 거리를 구하시오.

( )km

18 꽃다발 1개를 포장할 때마다 2분씩 쉬어 가며 6개를 포장하는 데 29.2분이 걸렸습니다. 꽃다발 1개를 포장할 때마다 1분 30초씩 쉬어 가며 8개를 포장하려면 몇 분이 걸리는지 구하시오.(단, 꽃다발 1개를 포장하는 데 걸리는 시간은 일정합니다.)

( )분

19 다음을 모두 만족하는 ㉠의 값을 구하시오.

㉠ - ㉡ = 51.84
㉠ ÷ ㉡ = 13

( )

20 집에서 학교까지 거리가 1237.5m인 직선 도로를 형은 집에서, 동생은 학교에서 동시에 출발하여 서로를 향해 걸었습니다. 형은 6분에 310.2m를, 동생은 4분에 189.2m를 일정한 빠르기로 걸었습니다. 두 사람은 출발한 지 몇 분 몇 초 후에 만나는지 구하시오.

( )분 ( )초

4 비와 비율

○ 날짜

○ 이름

○ 배점 단답형 20문제 100점(각 문제는 5점씩입니다.)

○ 평가 시간 45분

○ 맞은 개수 /20

○ 예상 고등 수학 등급

1등급	90점 이상	2등급	80점 이상	3등급	70점 이상
4등급	60점 이상	5등급	50점 이상	6등급	50점 미만

※ 예를 들어 65점은 4등급, 80점은 2등급입니다.

○ 학부모 확인

○ 주최 행복한 우리집

※ 시험이 시작되기 전까지 이 페이지를 넘기지 마세요.

4 비와 비율

정답과 풀이 93쪽

1 비율을 소수로 나타내어 보시오.

10 : 25

( )

2 주머니에 들어 있는 구슬 300개 중 빨간색 구슬은 93개입니다. 전체 구슬 수에 대한 빨간색 구슬 수의 비율은 몇 %인지 구하시오.

( )%

3 어느 사탕 가게에서 사탕을 60개 팔았는데 그중에 망고맛 사탕은 11개입니다. 전체 사탕 판매량에 대한 망고맛 사탕 판매량의 비율을 분수로 나타내어 보시오.

( )

4 수연이는 수학 시험에서 40문제 중 4문제를 틀렸습니다. 정답률은 몇 %인지 구하시오.

( )%

5 자전거로 350m를 가는 데 45초가 걸렸습니다. 자전거로 350m를 가는 데 간 거리에 대한 걸린 시간의 비율을 기약분수로 나타내어 보시오.

( )

6 미정이는 물 360g에 설탕 140g을 녹여 설탕물을 만들었습니다. 설탕물 양에 대한 설탕 양의 비율은 몇 %인지 구하시오.

( )%

7 어느 초등학교의 여학생 수에 대한 남학생 수의 비율이 1.5일 때, 이 초등학교의 남학생 수에 대한 여학생 수의 비율을 기약분수로 나타내시오.

( )

8 정연이집에는 마을 지도가 있습니다. 교회에서 학교까지 실제 거리는 1.8km인데 지도에서 거리는 6cm입니다. 교회에서 학교까지 실제 거리에 대한 지도에서 거리의 비율을 기약분수로 나타내시오.

( )

9 전교회장 선거에서 400명이 투표에 참여했습니다. 현정이의 득표율은 몇 %인지 구하시오.

전교회장 선거 득표 수

후보	규빈	지연	현정	무효표
득표 수(표)	104	133		15

( )%

10 어느 도시의 넓이는 900km²이고, 넓이에 대한 인구의 비율은 24입니다. 이 도시의 인구가 지금보다 3600명 줄어들면 모두 몇 명이 되는지 구하시오.

( )명

11 ㉠, ㉡, ㉢ 세 도시의 넓이와 인구를 나타낸 표입니다. 세 도시 중 인구가 가장 밀집한 곳은 어디인지 구하시오.

세 도시의 넓이와 인구

도시	넓이(km²)	인구(명)
㉠ 도시	9	25200
㉡ 도시	12	38400
㉢ 도시	6	21000

( )도시

12 은진이네 고양이의 몸무게를 재었더니 4월에는 600g이었습니다. 5월에는 4월 몸무게의 30%만큼 줄었고, 6월에는 5월 몸무게의 45%만큼 늘었습니다. 6월에 은진이네 고양이의 몸무게는 몇 g인지 구하시오.

( )g

13 주하네 반 학생 중 80%가 안경을 썼고, 안경을 쓴 학생 중 $\frac{1}{4}$이 남학생입니다. 안경을 쓴 남학생이 5명이라면 주하네 반 학생은 모두 몇 명인지 구하시오.

( )명

14 어떤 비의 기준량과 비교하는 양의 차는 9이고, 비율을 백분율로 나타내면 70%입니다. 기준량과 비교하는 양의 합을 구하시오.

( )

15 두 대각선의 길이가 모두 24cm인 마름모가 있습니다. 이 마름모의 한 대각선의 길이를 일정한 비율로 늘려서 새로운 마름모를 만들었습니다. 새로 만든 마름모의 넓이가 처음 마름모의 넓이보다 72cm²만큼 늘었을 때, 한 대각선의 길이를 몇 %만큼 늘렸는지 구하시오.

( )%

16 전체가 600쪽인 소설책이 있습니다. 어제 이 소설책의 30%를 읽었고, 오늘은 나머지의 45%를 읽었습니다. 소설책을 모두 읽으려면 앞으로 몇 쪽을 더 읽어야 하는지 구하시오.

( )쪽

17 어느 학교의 전체 학생의 $\frac{3}{10}$은 안경을 쓴 여학생이고, 전체 학생의 0.35는 안경을 쓴 남학생이고, 전체 학생의 18%는 안경을 쓰지 않은 여학생입니다. 이 학교의 전체 학생 수에 대한 안경을 쓰지 않은 남학생의 비율은 몇 %인지 구하시오.

( )%

18 수학 문제집을 푸는데 1단원의 정답률은 97%였습니다. 2단원의 정답률을 지난 1단원보다 높이려고 합니다. 2단원이 모두 200문제라면 틀린 문제는 몇 개 미만이어야 하는지 구하시오.

( )개

19 어느 은행에 8000원을 한 달 동안 예금하면 이자를 받아서 8280원을 찾는다고 합니다. 이 은행에 11000원을 예금하면 한 달 뒤에 받을 수 있는 이자는 얼마인지 구하시오.

( )원

20 세 자연수 ㉠, ㉡, ㉢이 있습니다. ㉡에 대한 ㉠의 비율은 40%이고, ㉢에 대한 ㉡의 비율은 1.75입니다. ㉢에 대한 ㉠의 비율을 기약분수로 나타내시오.

( )

5 여러 가지 그래프

○ 날짜

○ 이름

○ 배점 단답형 20문제 100점(각 문제는 5점씩입니다.)

○ 평가 시간 45분

○ 맞은 개수 /20

○ 예상 고등 수학 등급

1등급	90점 이상	2등급	80점 이상	3등급	70점 이상
4등급	60점 이상	5등급	50점 이상	6등급	50점 미만

※ 예를 들어 65점은 4등급, 80점은 2등급입니다.

○ 학부모 확인

○ 주최 행복한 우리집

※ 시험이 시작되기 전까지 이 페이지를 넘기지 마세요.

여러 가지 그래프

정답과 풀이 95쪽

1 어느 반 학생들이 가고 싶은 도시를 조사하여 나타낸 원그래프입니다. 부산 또는 경주를 가고 싶은 학생은 전체의 몇 %인지 구하시오.

가고 싶은 도시

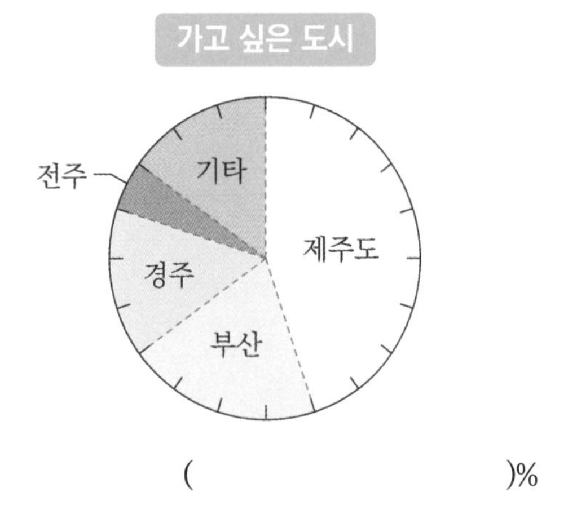

( )%

2 어느 학교 학생 2000명이 사는 마을을 조사하여 나타낸 원그래프입니다. 학생들이 가장 많이 살고 있는 마을의 학생 수를 구하시오.

학생들이 사는 마을

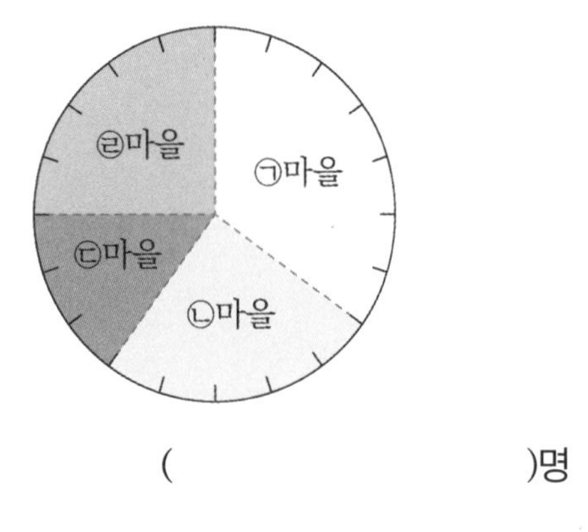

( )명

3 어느 학교 학생 500명의 몸무게를 조사하여 나타낸 띠그래프입니다. 몸무게가 50kg 이상 60kg 미만인 학생은 몇 명인지 구하시오.

몸무게별 학생 수

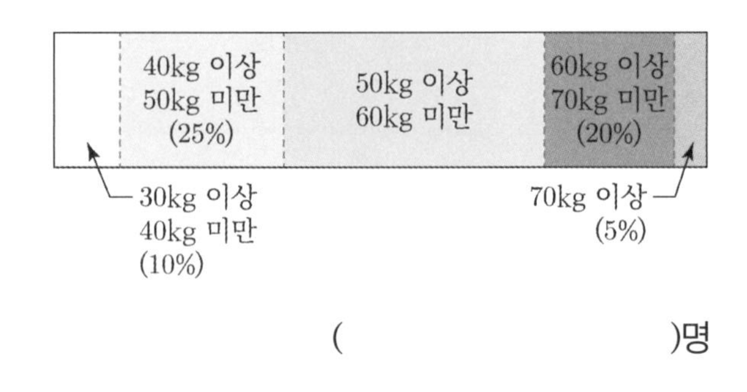

( )명

4 과자 1봉지에 들어 있는 성분을 나타낸 띠그래프입니다. 과자 1봉지의 무게가 400g일 때, 탄수화물은 당류보다 몇 g 더 많이 들어 있는지 구하시오.

과자 1봉지의 성분

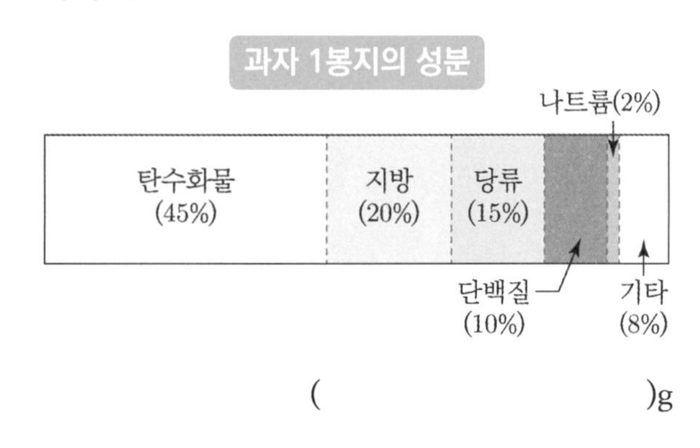

( )g

5 어느 학교 학생들이 가고 싶은 나라를 조사하여 나타낸 원그래프입니다. 일본을 가고 싶은 학생이 36명일 때, 조사한 학생은 모두 몇 명인지 구하시오.

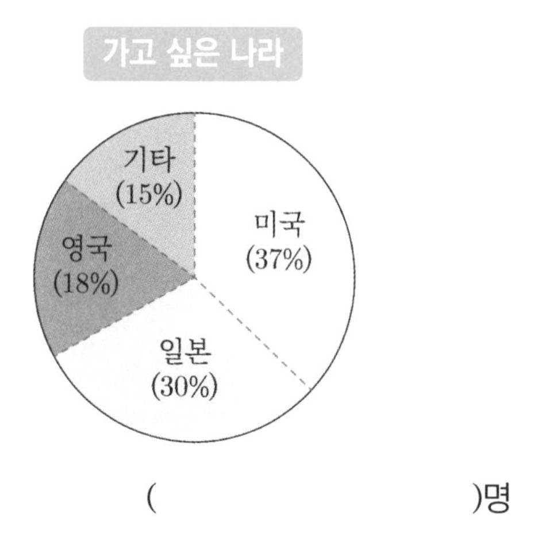

( )명

6 어느 반 학생들이 좋아하는 과목을 조사하여 나타낸 띠그래프입니다. 이 반 학생이 모두 40명일 때, 국어를 좋아하는 학생은 몇 명인지 구하시오.

좋아하는 과목

20cm

국어	수학	영어	사회	과학	기타

3cm

( )명

7 작년 영화 장르별 관객 수를 조사하여 전체 길이가 30cm인 띠그래프로 나타낸 것입니다. 이 그래프를 전체 길이가 20cm인 띠그래프로 나타낼 때, 액션이 차지하는 길이를 구하시오.

장르별 관객 수

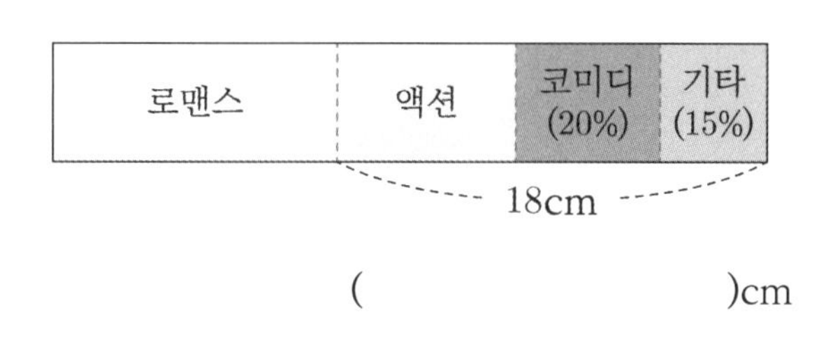

( )cm

8 마을별 인구수를 조사하여 나타낸 그림그래프입니다. ㉡마을의 인구가 5300명일 때, 인구가 가장 적은 마을의 인구수는 몇 명인지 구하시오.

마을별 인구수

마을	인구수
㉠마을	
㉡마을	
㉢마을	
㉣마을	

( )명

9 어느 학교 6학년 학생들이 좋아하는 음식을 조사하여 나타낸 원그래프입니다. 치킨을 좋아하는 학생이 36명일 때, 떡볶이를 좋아하는 학생은 몇 명인지 구하시오.

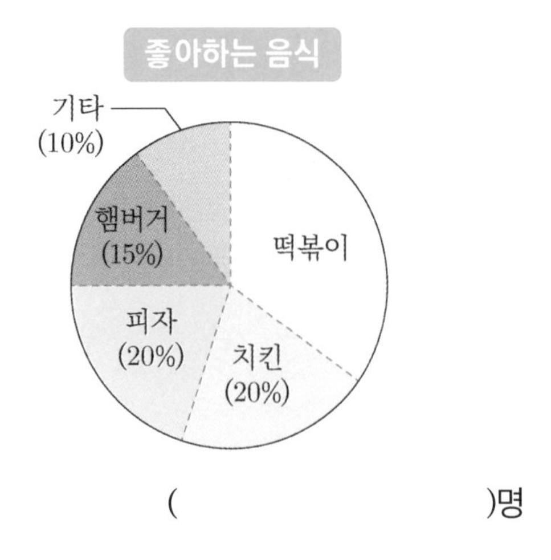

( )명

10 어느 학교 학생들이 생일에 받고 싶은 선물을 조사하여 나타낸 띠그래프입니다. 장난감 또는 책을 받고 싶은 학생이 98명일 때, 노트북을 받고 싶은 학생은 몇 명인지 구하시오.

받고 싶은 선물

노트북	장난감 (26%)	책 (23%)	기타 (17%)

( )명

11 어느 마을의 토지 이용을 조사하여 나타낸 원그래프입니다. 논은 전체의 몇 %인지 구하시오.

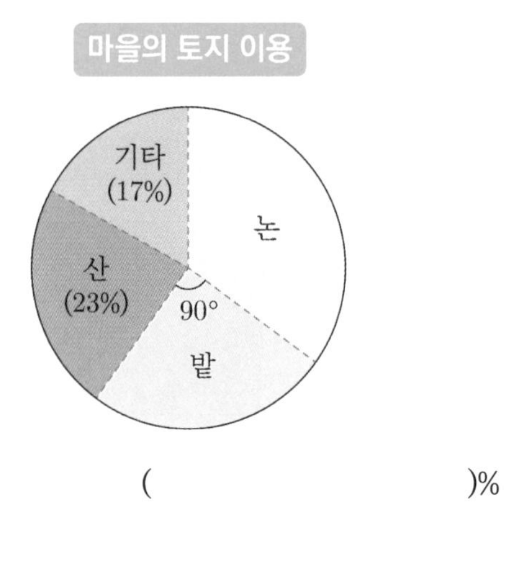

( )%

12 어느 학교 6학년 학생 150명이 좋아하는 계절을 조사하여 나타낸 띠그래프입니다. 여름을 좋아하는 학생은 봄을 좋아하는 학생의 $\frac{4}{5}$이고, 봄을 좋아하는 학생은 겨울을 좋아하는 학생의 2배입니다. 가을을 좋아하는 학생은 몇 명인지 구하시오.

좋아하는 계절

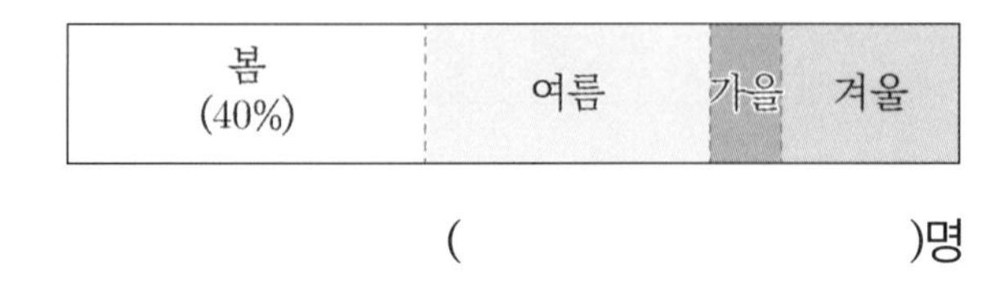

( )명

13 어느 학교 학생 1500명이 주말에 가고 싶은 장소를 조사하여 나타낸 원그래프입니다. 영화관에 가고 싶은 학생 수가 동물원에 가고 싶은 학생 수의 3배일 때, 동물원에 가고 싶은 학생은 몇 명인지 구하시오.

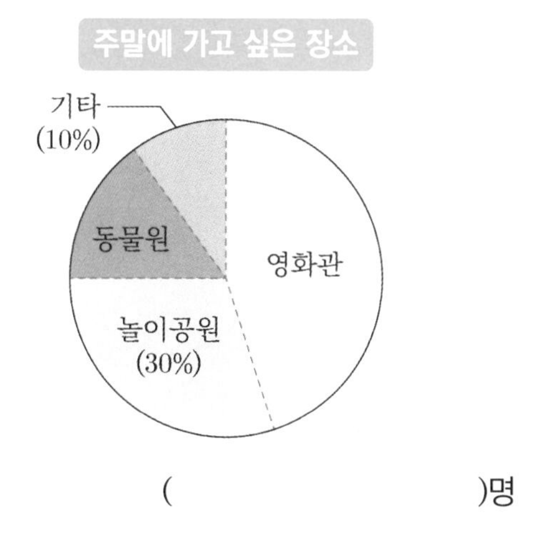

( )명

14 영수가 6시간 동안 할머니집에 가면서 이용한 교통수단을 조사하여 나타낸 띠그래프입니다. 지하철을 타고 간 시간과 자동차를 타고 간 시간이 같을 때, 버스를 타고 간 시간을 구하시오.

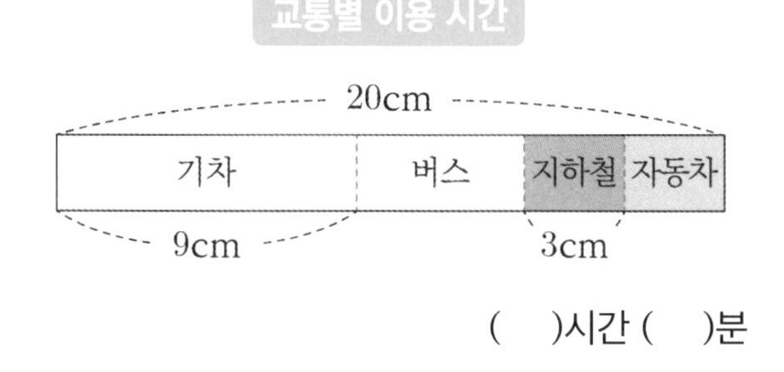

( )시간 ( )분

15 도서관에 있는 책 1500권을 출판사별로 조사하여 나타낸 원그래프입니다. ㉠출판사 또는 ㉡출판사의 책은 전체의 52%이고, ㉠출판사의 책이 ㉡출판사의 책보다 210권 더 많습니다. ㉢출판사의 책이 ㉡출판사의 책보다 몇 권 더 적은지 구하시오.

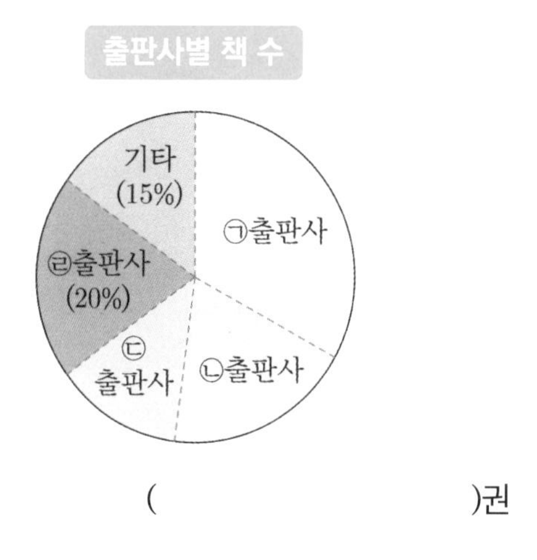

( )권

16 어느 목장에 있는 가축의 종류를 조사하여 나타낸 띠그래프입니다. 소는 닭을 제외한 가축 전체의 몇 %인지 구하시오.

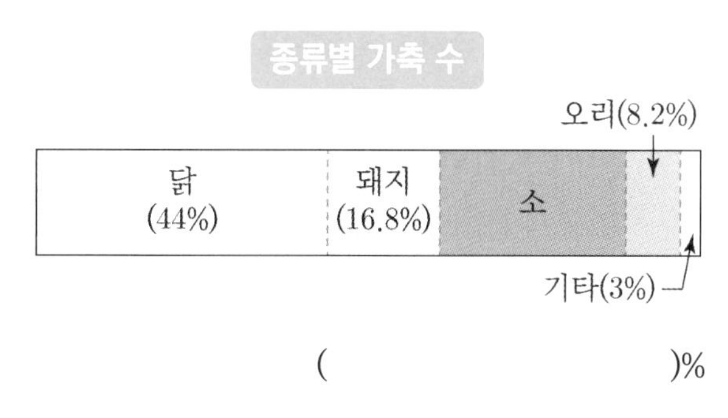

( )%

17 어느 학교의 남녀 학생 수와 남학생이 체육 시간에 하고 싶은 운동을 조사하여 나타낸 띠그래프입니다. 이 학교의 여학생이 180명일 때, 축구를 하고 싶은 남학생은 몇 명인지 구하시오.

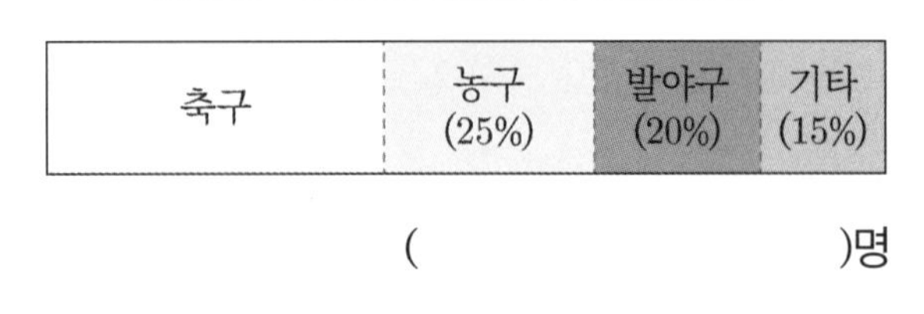

( )명

18 목장별 우유 생산량을 조사하여 전체 길이가 15cm인 띠그래프에 나타내었더니 3cm가 300L를 나타내었습니다. 이 띠그래프를 원을 25등분한 원그래프로 나타낸다면 원그래프에서 눈금 6칸을 차지하는 목장의 우유 생산량은 몇 L인지 구하시오.

( )L

19 어느 학교 학생 400명의 남녀 학생 수와 여학생의 혈액형을 조사하여 나타낸 그래프입니다. 혈액형이 AB형인 여학생이 36명일 때, 혈액형이 B형인 여학생은 몇 명인지 구하시오.

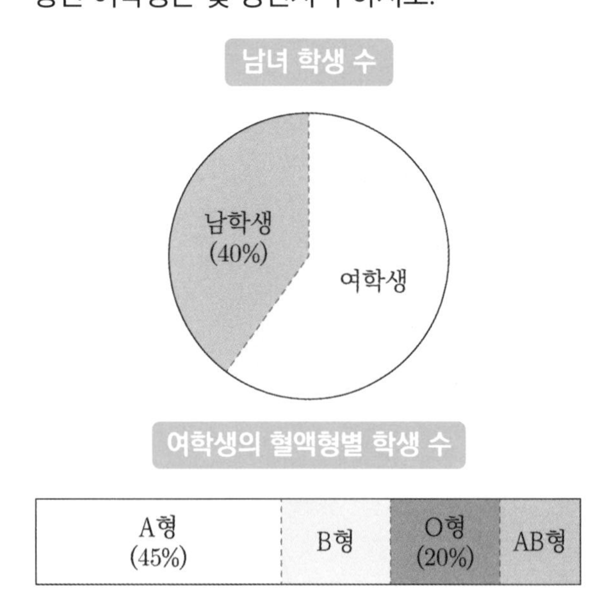

( )명

20 어느 마을 사람들이 명절에 이용한 교통수단을 조사하여 나타낸 표입니다. 표를 보고 전체 길이가 20cm인 띠그래프와 전체 길이가 30cm인 띠그래프로 각각 나타낼 때, 버스가 차지하는 길이의 차는 몇 cm인지 구하시오.

명절에 이용한 교통수단

교통수단	기차	버스	승용차	비행기	전체
사람 수(명)	400		432	288	1600

( )cm

6학년 1학기

6 직육면체의 부피와 겉넓이

○ 날짜

○ 이름

○ 배점 단답형 20문제 100점(각 문제는 5점씩입니다.)

○ 평가 시간 45분

○ 맞은 개수 /20

○ 예상 고등 수학 등급

1등급	90점 이상	2등급	80점 이상	3등급	70점 이상
4등급	60점 이상	5등급	50점 이상	6등급	50점 미만

※ 예를 들어 65점은 4등급, 80점은 2등급입니다.

○ 학부모 확인

○ 주최 행복한 우리집

※ 시험이 시작되기 전까지 이 페이지를 넘기지 마세요.

직육면체의 부피와 겉넓이

정답과 풀이 97쪽

1 한 면의 넓이가 $9cm^2$인 정육면체의 부피는 몇 cm^3인지 구하시오.

( )cm^3

2 다음 직육면체의 겉넓이를 구하시오.

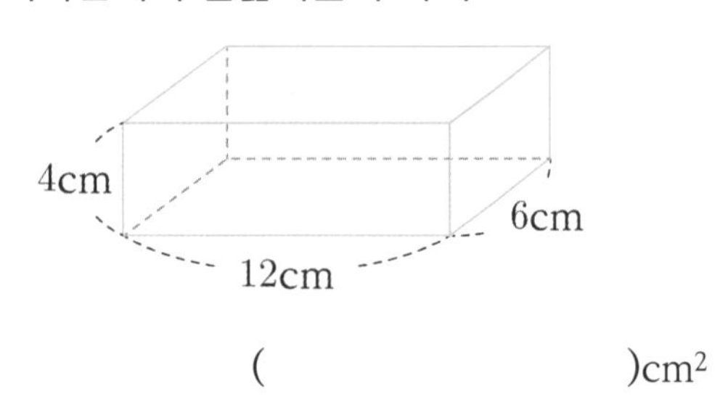

( )cm^2

3 다음 전개도를 접어서 만들 수 있는 정육면체의 부피를 구하시오.

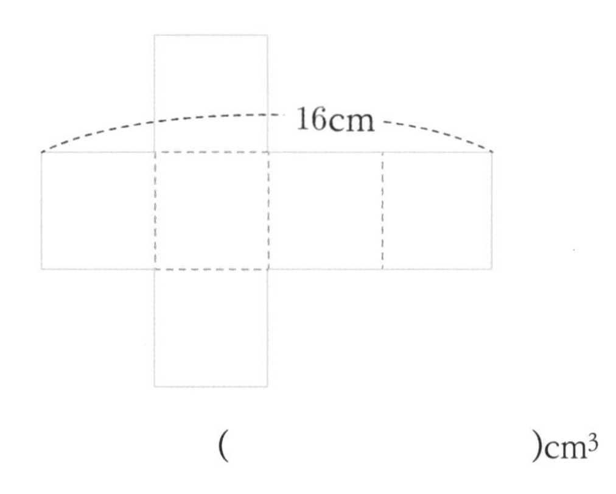

( )cm^3

4 다음 직육면체의 부피는 $350cm^3$입니다. 이 직육면체의 겉넓이를 구하시오.

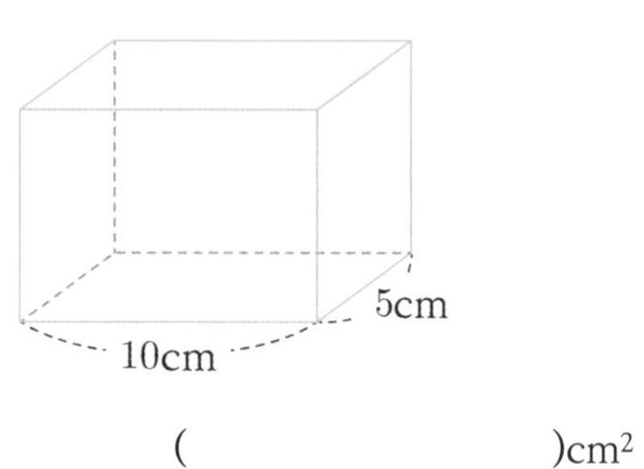

( )cm^2

5 겉넓이가 $384cm^2$인 정육면체가 있습니다. 이 정육면체의 모든 모서리의 길이의 합을 구하시오.

( )cm

6 다음 직육면체와 정육면체의 겉넓이가 같을 때, □ 안에 알맞은 수를 구하시오.

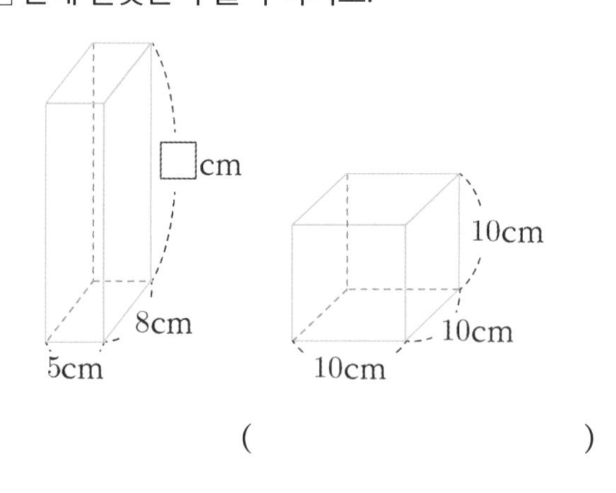

( )

7 다음 직육면체를 잘라서 정육면체로 만들려고 합니다. 만들 수 있는 가장 큰 정육면체의 겉넓이를 구하시오.

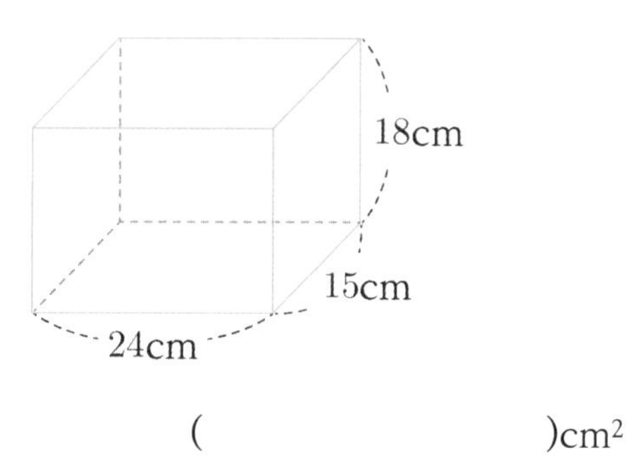

( )cm^2

8 다음 전개도에서 색칠한 면의 넓이가 $30cm^2$일 때, 이 전개도를 접어서 만든 직육면체의 부피를 구하시오.

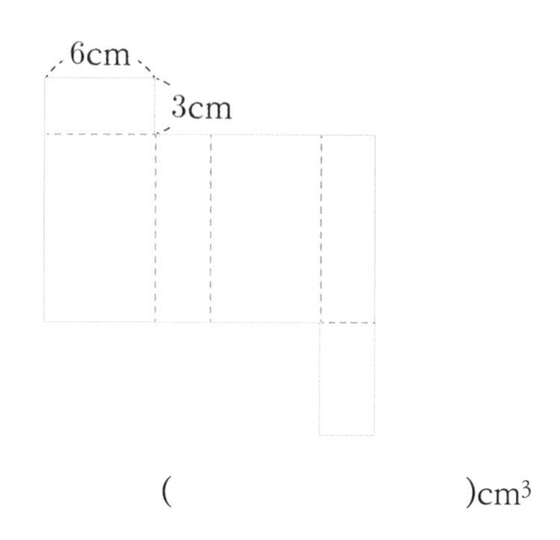

( )cm^3

9 다음 직육면체 모양의 통에 물이 가득 들어 있습니다. 이 통의 물을 부피가 $1m^3$인 물병 여러 개에 모두 나누어 담으려고 할 때, 물병은 적어도 몇 개 필요한지 구하시오.

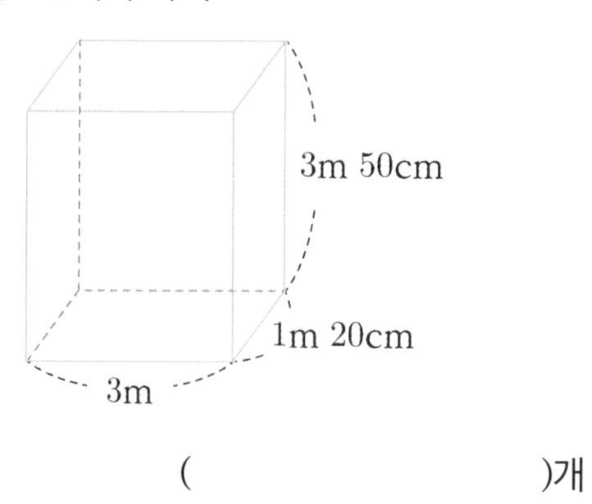

( )개

10 높이가 12cm, 부피가 $768cm^3$인 직육면체의 밑면의 모양은 정사각형입니다. 이 직육면체의 겉넓이를 구하시오.

( )cm^2

11 한 모서리의 길이가 60cm인 정육면체 모양의 상자 여러 개를 빈틈없이 쌓아서 가로가 2.4m, 세로가 3.6m, 높이가 4.8m인 직육면체를 만들려고 합니다. 필요한 정육면체 모양의 상자는 모두 몇 개인지 구하시오.

( )개

12 가로가 4cm, 세로가 7cm, 높이가 5cm인 직육면체가 있습니다. 이 직육면체의 각 모서리의 길이를 2배로 늘인 직육면체의 부피는 처음 직육면체 부피의 몇 배인지 구하시오.

( )배

13 다음 정육면체에서 보이지 않는 면의 넓이의 합이 243cm²일 때, 정육면체의 모든 모서리의 길이의 합을 구하시오.

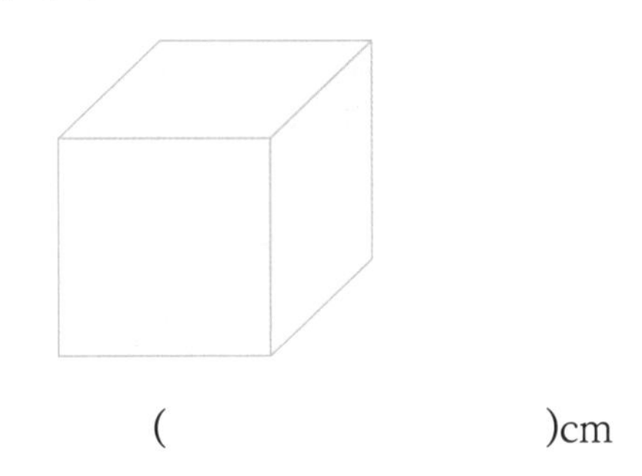

( )cm

14 다음 전개도를 접어서 만든 직육면체의 겉넓이가 340cm²일 때, □ 안에 알맞은 수를 구하시오.

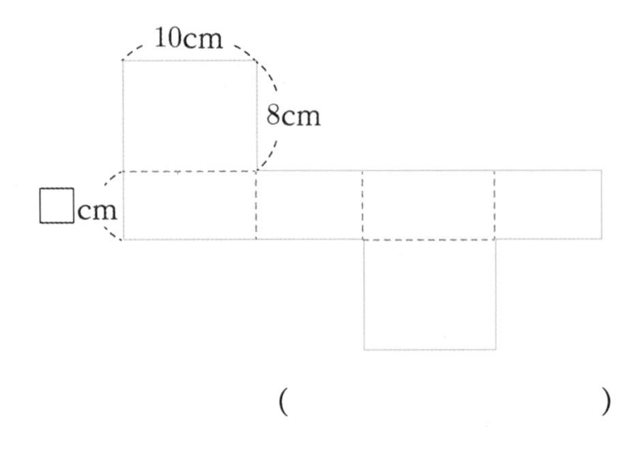

( )

15 다음 직육면체 모양의 상자에 길이가 180cm인 끈을 팽팽하게 묶었더니 24cm가 남았습니다. 상자의 겉넓이를 구하시오.(단, 매듭의 길이는 생각하지 않습니다.)

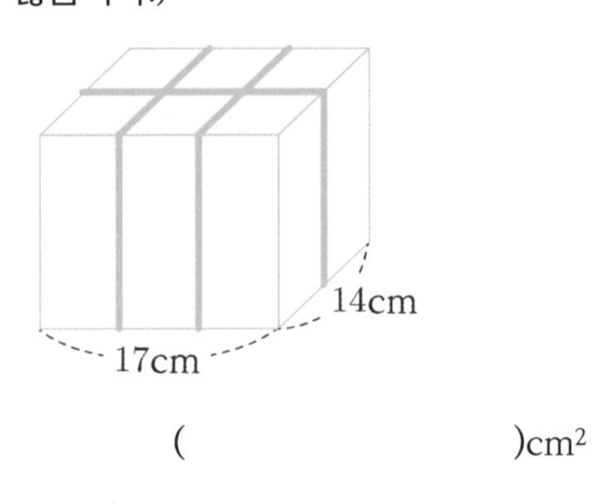

( )cm²

16 가로가 24cm, 세로가 30cm, 높이가 16cm인 직육면체 모양의 상자 여러 개를 빈틈없이 쌓아서 정육면체를 만들려고 합니다. 만들 수 있는 가장 작은 정육면체의 부피는 몇 m³인지 구하시오.

( )m³

17 다음과 같이 물이 들어 있는 직육면체 모양의 수조에 똑같은 공 2개를 완전히 잠기게 넣었더니 물의 높이가 15cm가 되었습니다. 공 1개의 부피는 몇 cm^3인지 구하시오.(단, 수조의 두께는 생각하지 않습니다.)

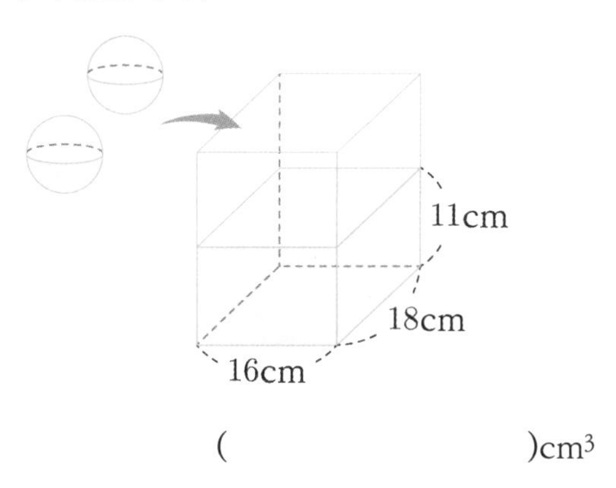

( )cm^3

18 다음과 같이 물이 들어 있는 직육면체 모양의 수조에 똑같은 쇠구슬 25개를 완전히 잠기게 넣었더니 0.4L의 물이 흘러넘쳤습니다. 쇠구슬 1개의 부피는 몇 cm^3인지 구하시오.(단, $1000cm^3$ = 1L이고, 수조의 두께는 생각하지 않습니다.)

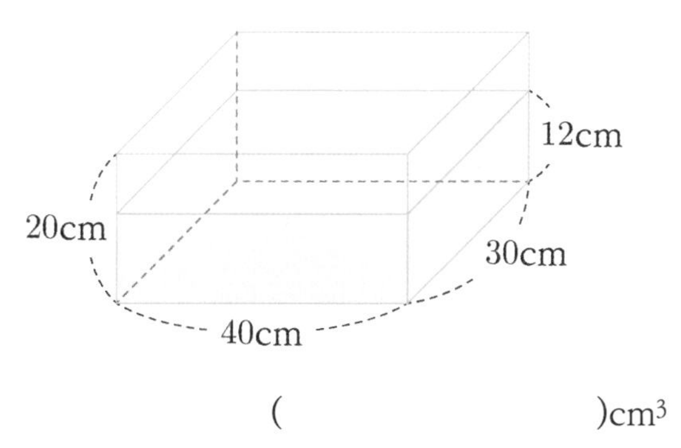

( )cm^3

19 다음은 직육면체를 위, 앞, 옆에서 본 모양입니다. 이 직육면체의 겉넓이를 구하시오.

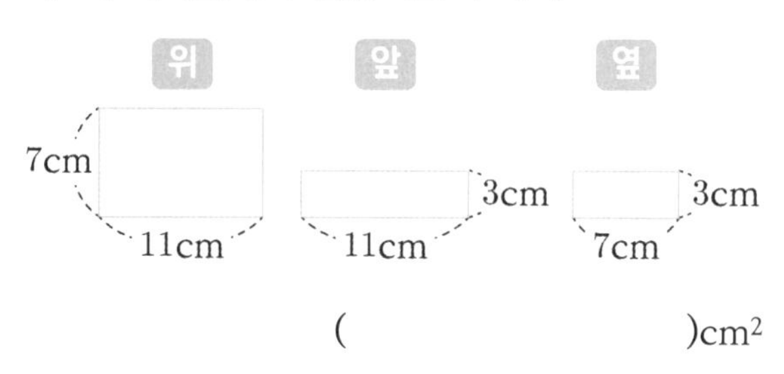

( )cm^2

20 세로가 36cm인 직사각형 모양의 종이가 있습니다. 네 모퉁이에서 한 변의 길이가 7cm인 정사각형 모양을 오려내고 점선 부분을 접어서 뚜껑이 없는 상자를 만들었습니다. 만든 상자의 부피가 $5852cm^3$일 때, 처음 직사각형 모양 종이의 가로는 몇 cm인지 구하시오.

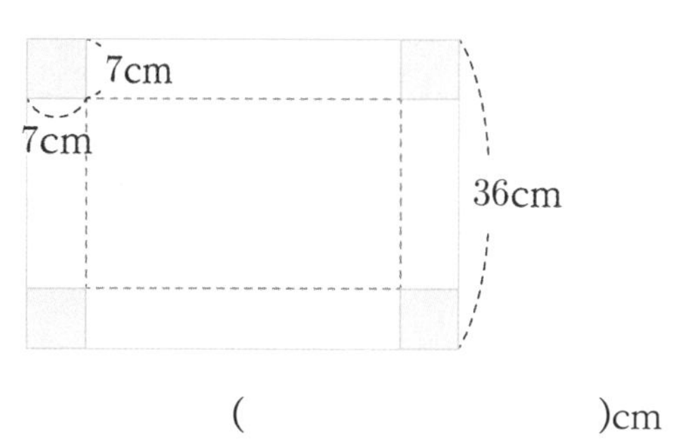

( )cm

1학기말 평가

- 날짜
- 이름
- 배점 단답형 20문제 100점(각 문제는 5점씩입니다.)
- 평가 시간 45분
- 맞은 개수 /20
- 예상 고등 수학 등급

1등급	90점 이상	2등급	80점 이상	3등급	70점 이상
4등급	60점 이상	5등급	50점 이상	6등급	50점 미만

※ 예를 들어 65점은 4등급, 80점은 2등급입니다.

- 학부모 확인
- 주최 행복한 우리집

※ 시험이 시작되기 전까지 이 페이지를 넘기지 마세요.

1학기말 평가

정답과 풀이 99쪽

1 밀가루 $2\frac{2}{3}$kg을 4명이 똑같이 나누어 가지려고 합니다. 한 사람이 몇 kg씩 가질 수 있는지 구하시오.

( )kg

2 꼭짓점이 10개인 각기둥이 있습니다. 이 각기둥의 모서리의 수는 몇 개인지 구하시오.

( )개

3 ㉡은 ㉠의 몇 배인지 구하시오.

$2\frac{2}{7} \times 21 \div 8 =$ ㉠

$12.6 \div 3 \div 7 =$ ㉡

( )배

4 다음 삼각형 6개를 옆면으로 하는 각뿔의 밑면의 둘레를 구하시오.

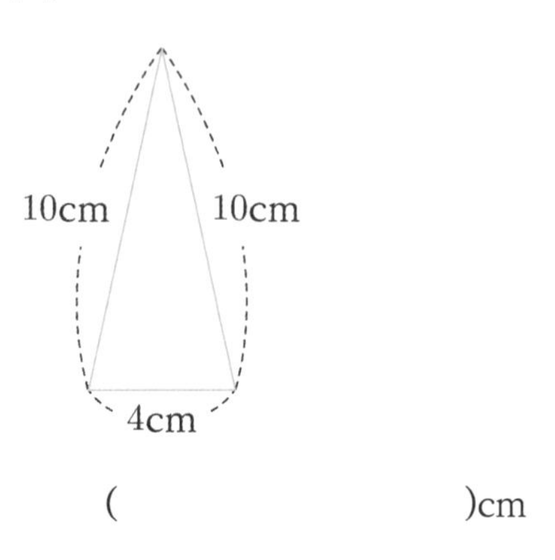

( )cm

5 우유 9L를 5000원에 파는 농장이 있습니다. 이 농장에서 7000원으로 살 수 있는 우유는 몇 L인지 소수로 나타내시오.

( )L

6 어떤 수를 7로 나누어야 할 것을 잘못하여 곱했더니 $39\frac{2}{3}$가 되었습니다. 바르게 계산한 몫을 구하시오.

( )

7 어느 반 학생들이 좋아하는 음식을 조사하여 나타낸 원그래프입니다. 떡볶이를 좋아하는 학생이 6명일 때, 이 반 학생은 모두 몇 명인지 구하시오.

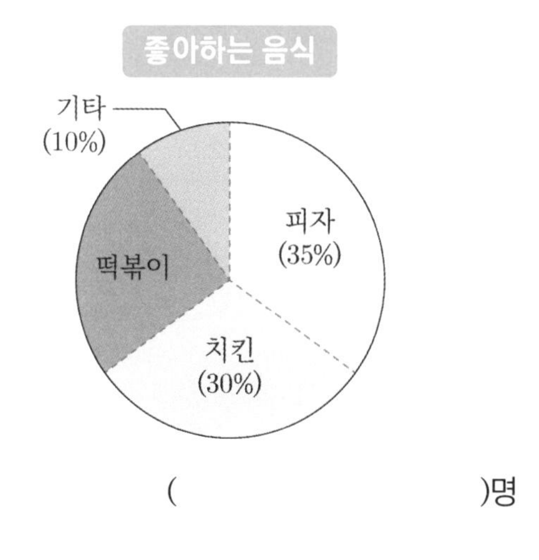

(　　　　　　　　)명

8 높이가 5cm인 육각기둥의 모든 모서리의 길이의 합이 94cm일 때, 한 밑면의 둘레는 몇 cm인지 구하시오.

(　　　　　　　　)cm

9 무게가 같은 책 8권이 들어 있는 상자의 무게를 재어 보니 16kg입니다. 빈 상자의 무게가 $2\frac{2}{3}$kg일 때, 책 15권의 무게를 구하시오.

(　　　　　　　　)kg

10 가로가 8cm, 높이가 7cm인 직육면체의 겉넓이가 292cm²입니다. 이 직육면체의 부피는 몇 cm³인지 구하시오.

(　　　　　　　　)cm³

11 전체가 10칸인 원그래프에서 3칸을 차지하는 항목이 있습니다. 이 원그래프를 전체가 50cm인 띠그래프로 나타낼 때, 이 항목은 몇 cm로 나타나는지 구하시오.

(　　　　　　　　)cm

12 다음 전개도의 둘레는 84cm입니다. 이 전개도를 접었을 때 만들어지는 입체도형의 모든 모서리의 길이의 합을 구하시오.

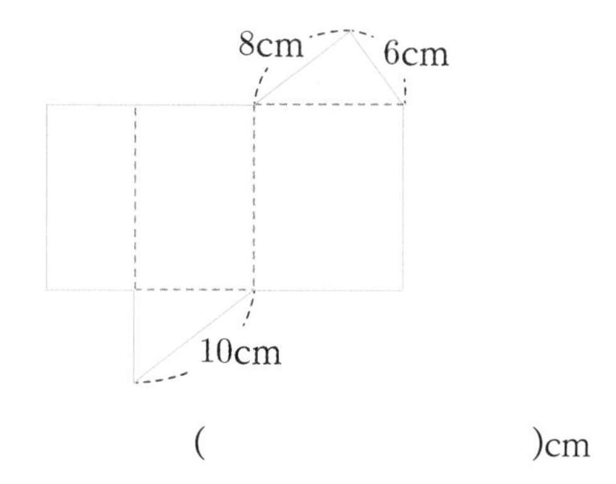

(　　　　　　　　)cm

13 27 ÷ 37을 계산하여 몫을 소수로 나타낼 때, 소수 36번째 자리 수를 구하시오.

( )

14 어느 학교 학생 800명이 좋아하는 색을 조사하여 나타낸 원그래프입니다. 파란색을 좋아하는 학생은 몇 명인지 구하시오.

좋아하는 색

기타
파란색
108°
초록색
빨간색

( )명

15 가로가 2.4m, 세로가 2.7m, 높이가 1.5m인 직육면체 모양의 창고에 한 모서리의 길이가 30cm인 정육면체 모양의 상자를 빈틈없이 쌓으려고 합니다. 쌓을 수 있는 정육면체 모양의 상자는 모두 몇 개인지 구하시오.

( )개

16 어느 학교 학생들이 좋아하는 운동을 조사하여 나타낸 띠그래프입니다. 피구를 좋아하는 학생은 축구를 좋아하는 학생보다 15명 더 많고, 축구를 좋아하는 학생은 농구를 좋아하는 학생의 2배입니다. 야구를 좋아하는 학생은 몇 명인지 구하시오.

좋아하는 운동

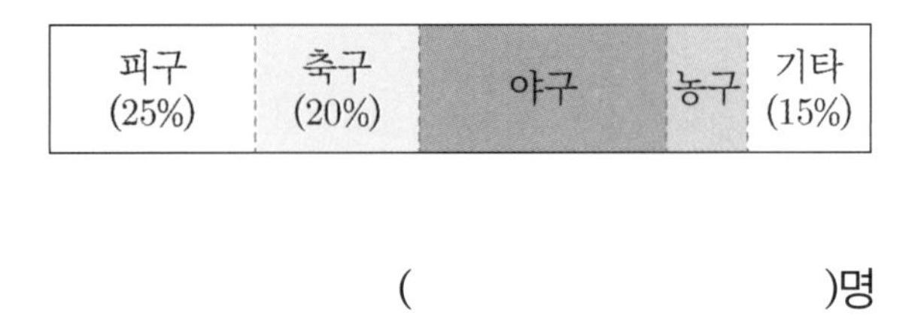

( )명

17 밑면이 정사각형인 각기둥의 모든 모서리의 길이의 합은 126cm입니다. 이 각기둥의 높이가 16cm일 때, 부피는 몇 cm^3인지 구하시오.

( )cm^3

18 다음 직육면체의 전개도에 면 ㅍㄹㅅㅌ의 넓이는 $78cm^2$이고, 면 ㅌㅅㅇㅈ의 넓이는 $52cm^2$입니다. 이 직육면체의 겉넓이는 몇 cm^2인지 구하시오.

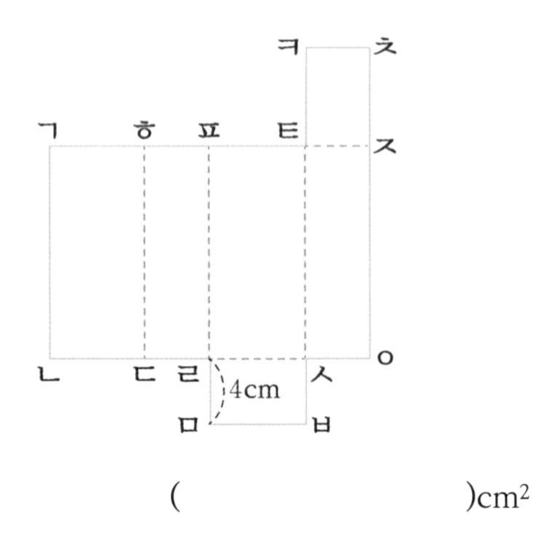

( )cm^2

19 선우가 6시간 동안 공부한 과목별 공부 시간을 조사하여 길이가 30cm인 띠그래프로 나타내었습니다. 수학을 공부한 시간은 몇 시간 몇 분인지 구하시오.

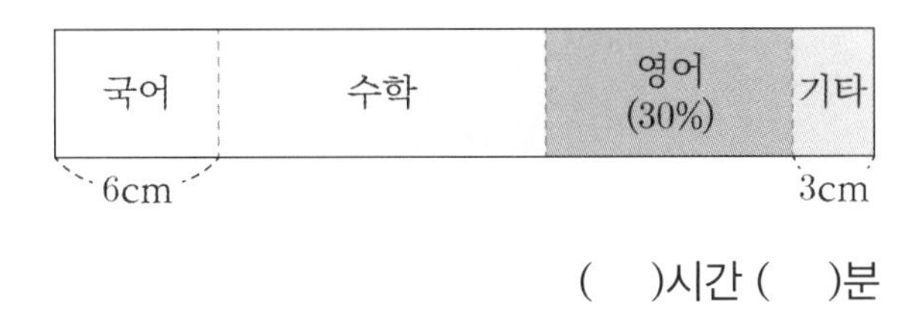

( )시간 ( )분

20 어떤 일을 시현이가 혼자 하면 전체의 $\frac{1}{4}$을 하는 데 7일이 걸리고, 준호가 혼자 하면 전체의 $\frac{3}{7}$을 하는 데 4일이 걸립니다. 두 사람이 함께 하면 일을 모두 마치는 데 며칠이 걸리는지 구하시오.(단, 두 사람이 일하는 빠르기는 각각 일정합니다.)

( )일

1 분수의 나눗셈

○ 날짜

○ 이름

○ 배점 단답형 20문제 100점(각 문제는 5점씩입니다.)

○ 평가 시간 45분

○ 맞은 개수 /20

○ 예상 고등 수학 등급

1등급	90점 이상	2등급	80점 이상	3등급	70점 이상
4등급	60점 이상	5등급	50점 이상	6등급	50점 미만

※ 예를 들어 65점은 4등급, 80점은 2등급입니다.

○ 학부모 확인

○ 주최 행복한 우리집

※ 시험이 시작되기 전까지 이 페이지를 넘기지 마세요.

분수의 나눗셈

정답과 풀이 102쪽

1 $\frac{16}{27} \div \frac{4}{27}$를 계산하시오.

(　　　　　　　　　　)

2 □ 안에 알맞은 수를 구하시오.

$\square \times \frac{2}{3} = \frac{4}{10} \div \frac{7}{10}$

(　　　　　　　　　　)

3 꽃다발 5개를 포장하는 데 $\frac{1}{3}$시간이 걸렸습니다. 같은 빠르기로 1시간 동안 포장할 수 있는 꽃다발은 몇 개인지 구하시오.

(　　　　　　　　　　)개

4 □ 안에 들어갈 수 있는 자연수 중에서 가장 큰 수를 구하시오.

$\square < \frac{36}{7} \div \frac{6}{11}$

(　　　　　　　　　　)

5 사탕 $\frac{20}{27}$kg을 1봉지에 $\frac{4}{27}$kg씩 나누어 담았습니다. 1봉지에 2500원씩 모두 팔았을 때, 사탕을 판 금액은 얼마인지 구하시오.

(　　　　　　　　　　)원

6 어떤 수를 $\frac{2}{5}$로 나누어야 할 것을 잘못하여 곱했더니 $\frac{4}{13}$가 되었습니다. 바르게 계산한 값을 구하시오.

(　　　　　　　　　　)

7 나눗셈의 몫이 자연수일 때, □ 안에 들어갈 수 있는 자연수는 모두 몇 개인지 구하시오.

$$\frac{8}{9} \div \frac{\square}{18}$$

(　　　　　　　　)개

8 자전거를 타고 일정한 빠르기로 $\frac{11}{14}$km를 가는 데 $\frac{2}{7}$분이 걸렸습니다. 이 자전거를 타고 같은 빠르기로 6분 동안 갈 수 있는 거리는 몇 km인지 구하시오.

(　　　　　　　　)km

9 가로가 $4\frac{2}{7}$m, 세로가 $1\frac{5}{6}$m인 직사각형 모양의 종이를 칠하는 데 $1\frac{4}{11}$L의 물감을 사용했습니다. 1L의 물감으로 몇 m^2의 종이를 칠한 것인지 구하시오.

(　　　　　　　　)m^2

10 길이가 $9\frac{5}{8}$km인 직선 도로의 한쪽에 처음부터 끝까지 $1\frac{3}{8}$km 간격으로 가로등을 세우려고 합니다. 필요한 가로등은 모두 몇 개인지 구하시오.(단, 가로등의 두께는 생각하지 않습니다.)

(　　　　　　　　)개

11 소연이는 집에 있을 8시간 중에서 $3\frac{5}{8}$시간은 공부를 하고, $1\frac{1}{3}$시간은 게임을 하고, 나머지 시간은 운동을 하려고 합니다. 운동을 할 시간은 게임을 할 시간의 몇 배인지 구하시오.

(　　　　　　　　)배

12 길이가 $16\frac{8}{9}$m인 나무도막을 $2\frac{1}{9}$m씩 자르려고 합니다. 한 번 자르는 데 3분이 걸린다면 쉬지 않고 나무도막을 모두 자르는 데 걸리는 시간은 몇 분인지 구하시오.

(　　　　　　　　)분

13 떨어뜨린 높이의 $\frac{3}{4}$만큼 튀어 오르는 공이 있습니다. 이 공을 떨어뜨렸을 때 두 번째로 튀어 오른 높이가 $3\frac{3}{7}$m라면 처음 공을 떨어뜨린 높이를 구하시오.

(　　　　　　　)m

14 $\frac{5}{14}$로 나누어도, $\frac{3}{7}$으로 나누어도 계산 결과가 자연수가 되는 분수 중에서 가장 작은 수를 구하시오.

(　　　　　　　)

15 넓이가 $13\frac{2}{7}$ m^2인 벽에 페인트를 칠하고 있습니다. $\frac{5}{6}$시간 후에 남은 벽의 넓이를 재었더니 9 m^2였습니다. 일정한 빠르기로 페인트를 칠한다면 남은 벽을 모두 칠하는 데 걸리는 시간은 몇 시간 몇 분인지 구하시오.

(　)시간 (　)분

16 어떤 일을 하는데 형은 5일 동안 전체의 $\frac{1}{4}$을 하고, 동생은 12일 동안 전체의 $\frac{1}{5}$을 합니다. 이 일을 두 사람이 함께 하면 며칠 만에 끝낼 수 있는지 구하시오.(단, 두 사람이 하루에 일하는 양은 각각 일정합니다.)

(　　　　　　　)일

17 어느 용수철에 무게가 $3\frac{1}{3}$g인 물건을 매달면 용수철의 길이가 처음보다 $\frac{2}{5}$cm 늘어난다고 합니다. 이 용수철에 무게가 30g인 물건을 매달았을 때, 용수철의 길이가 처음보다 몇 cm 늘어나는지 구하시오.

(　　　　　　　)cm

18 연우의 사회 점수는 95점이고, 영어 점수는 수학 점수의 $\frac{9}{11}$배이고, 국어 점수는 영어 점수의 $1\frac{2}{3}$배입니다. 국어, 수학, 영어, 사회 점수의 평균이 85점일 때 수학 점수를 구하시오.

(　　　　　　　)점

19 어느 전시회의 전체 관람객의 $\frac{1}{8}$은 남자 어른이고, 전체 관람객의 $\frac{3}{8}$은 여자 어른입니다. 그리고 나머지 관람객의 $\frac{5}{9}$는 남자아이입니다. 관람객 중 여자아이가 52명일 때, 전체 관람객은 모두 몇 명인지 구하시오.

( )명

20 빈 병에 우유를 가득 담아 전체의 $\frac{1}{3}$만큼 마시고 무게를 재어 보니 560g이었습니다. 병에 남아 있는 우유의 $\frac{3}{11}$만큼 우유를 다시 넣은 후 무게를 재어 보니 680g이었습니다. 빈 병의 무게를 구하시오.

( )g

2 소수의 나눗셈

- 날짜
- 이름
- 배점 단답형 20문제 100점(각 문제는 5점씩입니다.)
- 평가 시간 45분
- 맞은 개수 /20
- 예상 고등 수학 등급

1등급	90점 이상	2등급	80점 이상	3등급	70점 이상
4등급	60점 이상	5등급	50점 이상	6등급	50점 미만

※ 예를 들어 65점은 4등급, 80점은 2등급입니다.

- 학부모 확인
- 주최 행복한 우리집

※ 시험이 시작되기 전까지 이 페이지를 넘기지 마세요.

소수의 나눗셈

정답과 풀이 104쪽

1 □ 안에 알맞은 수를 구하시오.

$$2.7 \times \square = 3.51$$

(　　　　　　　　)

2 밀가루가 2.4kg씩 4상자 있습니다. 이 밀가루를 1봉지에 0.6kg씩 나누어 담는다면 모두 몇 개의 봉지에 담을 수 있는지 구하시오.

(　　　　　　　　)봉지

3 자전거를 타고 1시간 36분 동안 14.4km를 달렸습니다. 일정한 빠르기로 계속 달렸을 때, 2시간 동안 달린 거리를 구하시오.

(　　　　　　　　)km

4 수 카드 4장을 모두 한 번씩만 사용하여 몫이 가장 큰 나눗셈식을 만들 때, 몫을 구하시오.

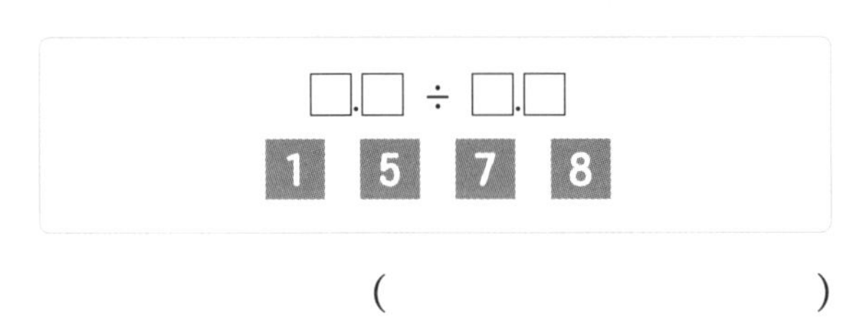

(　　　　　　　　)

5 주스 1.5L가 들어 있는 병이 있습니다. 이 병의 전체 무게는 1.8kg이고, 빈 병의 무게는 0.6kg입니다. 주스 1L의 무게를 구하시오.

(　　　　　　　　)kg

6 어떤 수를 2.4로 나누어야 할 것을 잘못하여 곱했더니 8.64가 되었습니다. 바르게 계산한 몫을 구하시오.

(　　　　　　　　)

7 기호 ●에 대하여 다음과 같이 약속할 때, 5●3.87의 값을 구하시오.

㉠●㉡ = ㉠ × 1.6 + ㉡ ÷ 2.58

(　　　　　　　　)

8 빈 병에 물 4.94L를 담으면 병의 무게는 3.17kg이 되고, 담겨 있는 물 1.44L를 마신 후 병의 무게는 2.45kg이 됩니다. 빈 병의 무게를 구하시오.

(　　　　　　　　)kg

9 밑변의 길이가 9.8cm, 넓이가 31.36cm²인 삼각형이 있습니다. 이 삼각형의 높이는 몇 cm인지 구하시오.

(　　　　　　　　)cm

10 길이가 14cm인 양초에 불을 붙이면 5분에 0.35cm씩 탄다고 합니다. 이 양초가 일정한 빠르기로 탄다면 남은 양초가 4.9cm가 되는 때는 불을 붙인 지 몇 분 후인지 구하시오.

(　　　　　　　　)분

11 휘발유 1.8L로 36.72km를 가는 자동차가 있습니다. 이 자동차가 255km를 가는 데 필요한 휘발유는 몇 L인지 구하시오.

(　　　　　　　　)L

12 페인트 1통을 남김없이 사용하면 가로가 3.4m, 세로가 2m인 직사각형 모양의 벽을 칠할 수 있습니다. 페인트 1통의 값이 7600원일 때, 넓이가 40m²인 직사각형 모양의 벽을 모두 칠하는 데 필요한 페인트의 값은 얼마인지 구하시오.

(　　　　　　　　)원

13 소정이는 1분 동안 리본 13개를 묶을 수 있습니다. 소정이가 같은 빠르기로 리본 5개를 묶는 데 걸리는 시간은 몇 분인지 반올림하여 소수 둘째 자리까지 나타내시오.

(　　　　　　　　)분

14 가로가 4.2cm, 세로가 5.6cm인 직사각형이 있습니다. 이 직사각형의 가로를 0.84cm 늘이고, 세로를 1.82cm 줄여서 새로운 직사각형을 만들었습니다. 새로 만든 직사각형의 둘레는 처음 직사각형의 둘레의 몇 배인지 구하시오.

(　　　　　　　　)배

15 유진이가 소설책을 어제까지 전체의 0.6만큼 읽었고, 오늘은 어제까지 읽고 남은 부분의 0.4만큼 읽었더니 72쪽이 남았습니다. 유진이가 어제까지 읽은 소설책은 모두 몇 쪽인지 구하시오.

( )쪽

16 $21 \div 37$의 몫의 소수 13번째 자리 숫자를 구하시오.

( )

17 기온이 0°C일 때 소리는 1초에 331.5m를 이동하고, 온도가 1°C씩 높아지면 0.6m씩 더 많이 이동합니다. 소리가 1초 동안 339.3m를 이동했다면 기온은 몇 °C인지 구하시오.

( )°C

18 수지네 강아지의 몸무게를 재었더니 1월에는 36.3kg이었고, 4월에는 43.5kg이었고, 10월에는 7월보다 몸무게가 30% 늘어서 54.6kg이었습니다. 7월부터 10월까지 늘어난 강아지의 몸무게는 1월부터 4월까지 늘어난 강아지의 몸무게의 몇 배인지 구하시오.

( )배

19 3분 45초 동안 72L의 물이 일정하게 새어 나가는 구멍 난 물통이 있습니다. 이 물통에 2분 30초 동안 58.75L의 물이 일정하게 나오는 수도를 틀어서 45.15L의 물을 받으려면 몇 분 몇 초가 걸리는지 구하시오.

( )분 ( )초

20 □ 안에 알맞은 수를 구하시오.

㉠ + ㉡ = 15.75
㉠ − ㉡ = 3.25
㉠ ÷ ㉡ = □

( )

3 공간과 입체

- 날짜
- 이름
- 배점 단답형 20문제 100점(각 문제는 5점씩입니다.)
- 평가 시간 45분
- 맞은 개수 /20
- 예상 고등 수학 등급

1등급	90점 이상	2등급	80점 이상	3등급	70점 이상
4등급	60점 이상	5등급	50점 이상	6등급	50점 미만

※ 예를 들어 65점은 4등급, 80점은 2등급입니다.

- 학부모 확인
- 주최 행복한 우리집

※ 시험이 시작되기 전까지 이 페이지를 넘기지 마세요.

공간과 입체

정답과 풀이 106쪽

1 주어진 모양과 똑같이 쌓는 데 필요한 쌓기나무는 몇 개인지 구하시오.

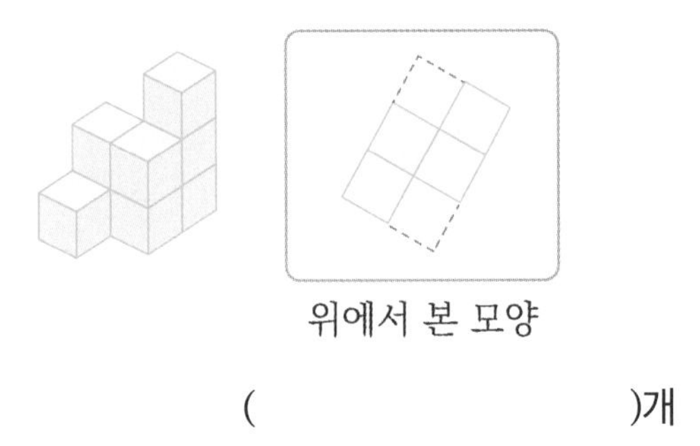

위에서 본 모양

(　　　　　　　　)개

2 쌓기나무로 쌓은 모양을 층별로 나타낸 모양입니다. 똑같은 모양으로 쌓는 데 필요한 쌓기나무는 몇 개인지 구하시오.

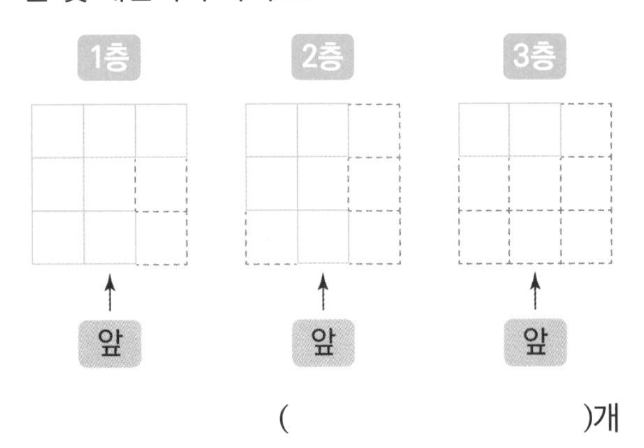

(　　　　　　　　)개

3 ㉠에 쌓인 쌓기나무는 몇 개인지 구하시오.

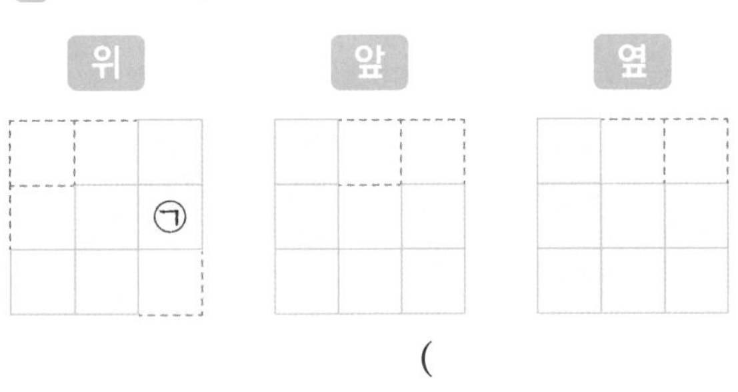

(　　　　　　　　)개

4 다음은 쌓기나무로 쌓은 모양을 보고 위에서 본 모양에 수를 쓴 것입니다. 2층에 쌓은 쌓기나무는 몇 개인지 구하시오.

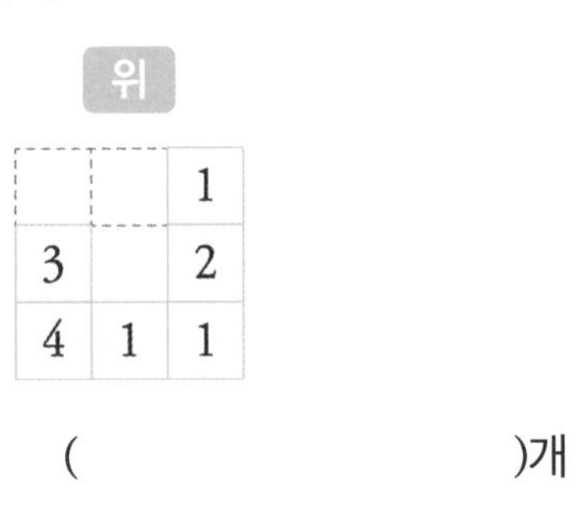

(　　　　　　　　)개

5 쌓기나무로 쌓은 모양을 위, 앞, 옆에서 본 모양입니다. 똑같은 모양으로 쌓는 데 필요한 쌓기나무는 몇 개인지 구하시오.

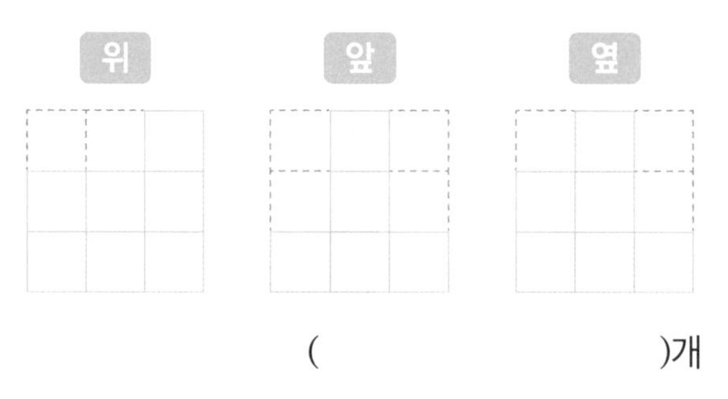

( )개

6 쌓기나무로 쌓은 모양을 위, 앞, 옆에서 본 모양입니다. 2층 이상에 쌓은 쌓기나무는 몇 개인지 구하시오.

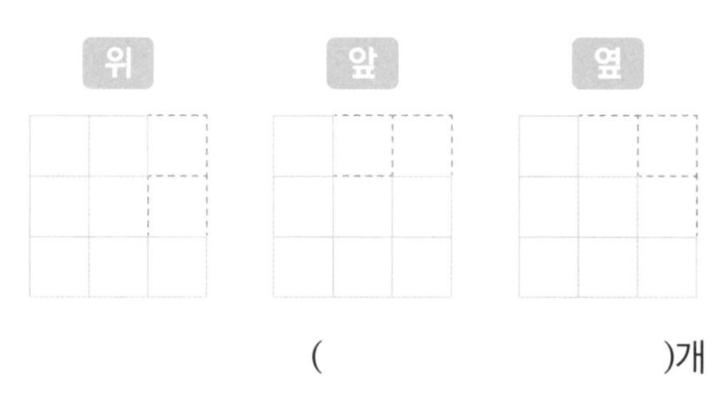

( )개

7 쌓기나무로 쌓은 모양을 위, 앞, 옆에서 본 모양입니다. 똑같은 모양으로 쌓는 데 필요한 쌓기나무는 최대 몇 개인지 구하시오.

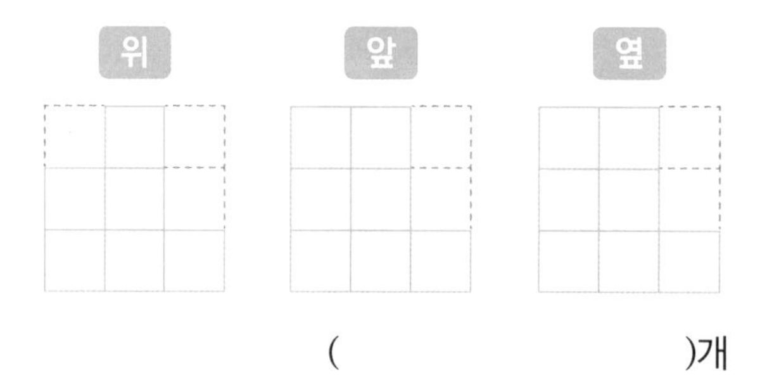

( )개

8 모양에 쌓기나무를 1개 더 붙여서 만들 수 있는 서로 다른 모양은 모두 몇 가지인지 구하시오.

( )가지

9 쌓기나무로 쌓은 모양을 위, 앞, 옆에서 본 모양입니다. 쌓은 쌓기나무가 가장 적은 경우는 몇 개인지 구하시오.

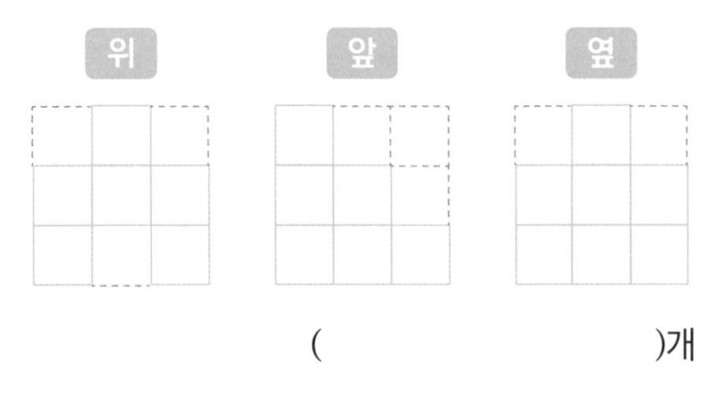

( )개

10 위, 앞, 옆에서 본 모양을 모두 다음과 같이 만들기 위해 필요한 쌓기나무는 몇 개인지 구하시오.

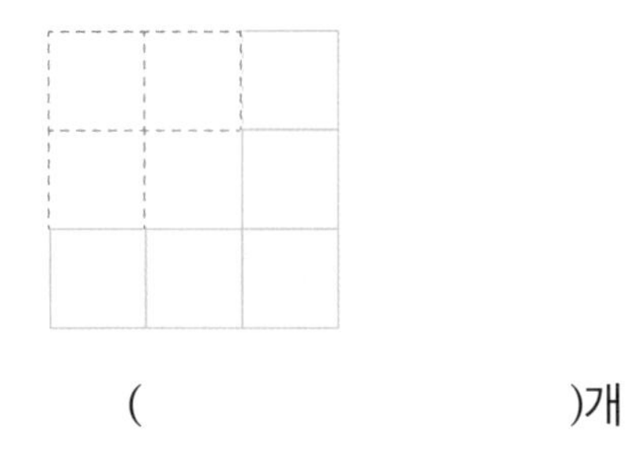

( )개

11 쌓기나무로 쌓은 모양을 위, 앞, 옆에서 본 모양입니다. 옆에서 본 모양이 변하지 않도록 쌓기나무를 더 쌓으려고 합니다. ㉠과 ㉡에 쌓기나무를 모두 몇 개까지 더 쌓을 수 있는지 구하시오.

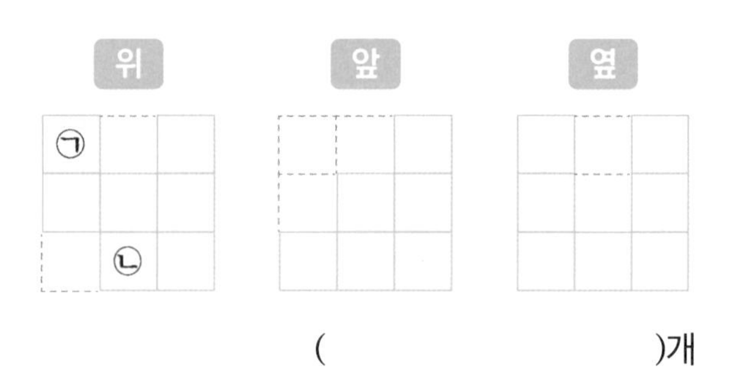

( )개

12 쌓기나무로 쌓은 모양을 위, 앞, 옆에서 본 모양입니다. 이 모양에 쌓기나무를 더 쌓아 가장 작은 정육면체 모양을 만들려고 합니다. 더 필요한 쌓기나무는 몇 개인지 구하시오.

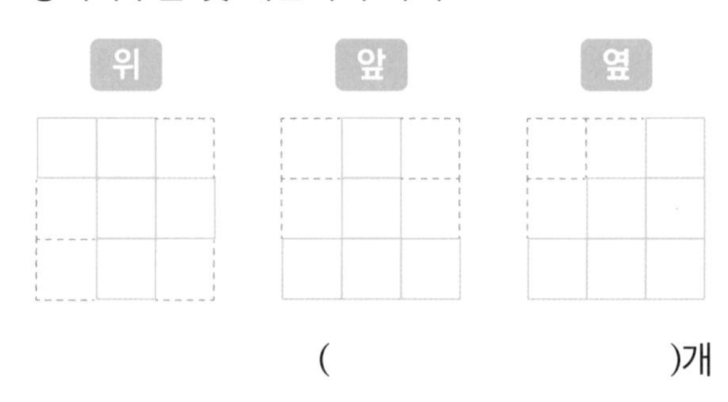

( )개

13 한 면의 넓이가 $1cm^2$인 쌓기나무로 다음과 같이 쌓았습니다. 쌓은 모양의 겉넓이는 몇 cm^2인지 구하시오.

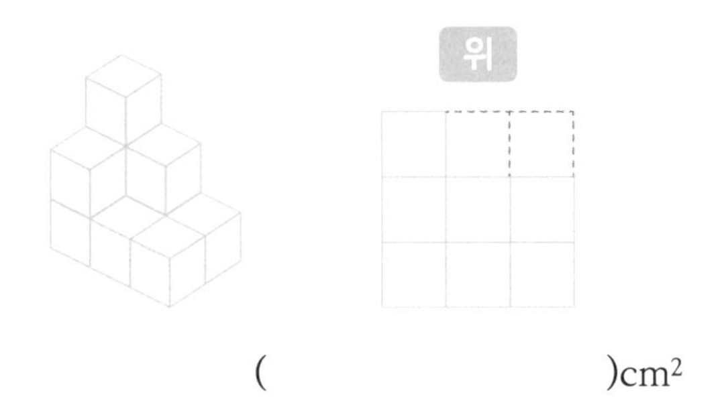

( )cm^2

14 쌓기나무로 쌓은 모양을 위, 앞, 옆에서 본 모양입니다. 쌓은 쌓기나무가 가장 많을 때와 가장 적을 때 쌓기나무의 개수의 차는 몇 개인지 구하시오.

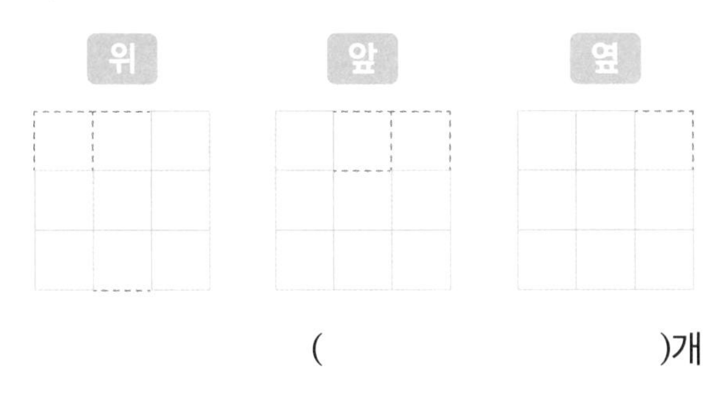

( )개

15 쌓기나무 12개로 쌓은 모양을 위, 앞, 옆에서 본 모양입니다. 쌓은 모양을 앞에서 볼 때, 보이지 않는 쌓기나무는 몇 개인지 구하시오.

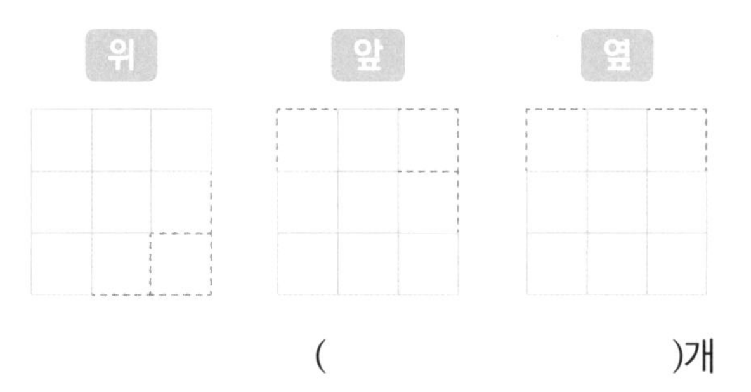

( )개

16 정육면체 모양으로 쌓기나무를 쌓고 바깥쪽 면을 페인트로 모두 칠할 때, 두 면에 페인트가 칠해진 쌓기나무는 모두 몇 개인지 구하시오.(단, 바닥에 닿은 면도 칠합니다.)

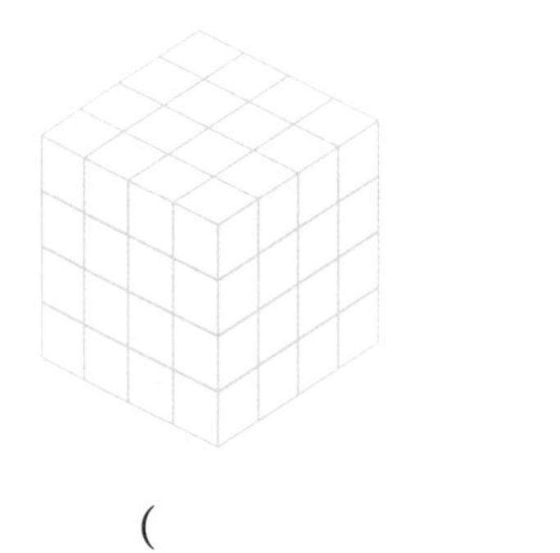

( )개

17 쌓기나무 7개를 사용하여 다음을 모두 만족하는 모양을 만들 때, 만들 수 있는 모양은 모두 몇 가지인지 구하시오.(단, 돌렸을 때 같은 모양은 한 가지로 생각합니다.)

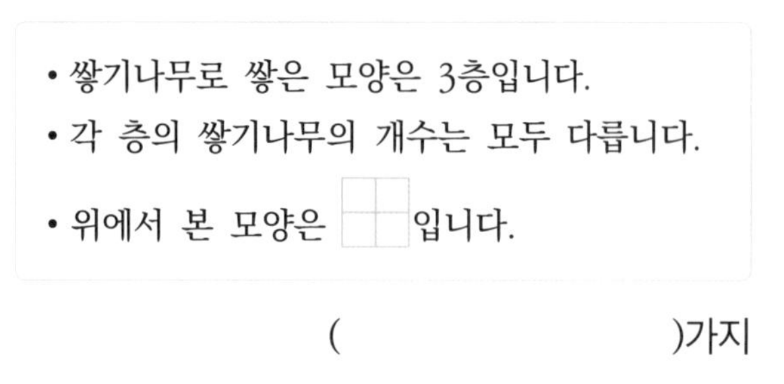

- 쌓기나무로 쌓은 모양은 3층입니다.
- 각 층의 쌓기나무의 개수는 모두 다릅니다.
- 위에서 본 모양은 ⊞ 입니다.

( )가지

18 한 모서리의 길이가 2cm인 쌓기나무로 쌓은 모양을 층별로 나타낸 것입니다. 쌓은 모양의 겉넓이를 구하시오.

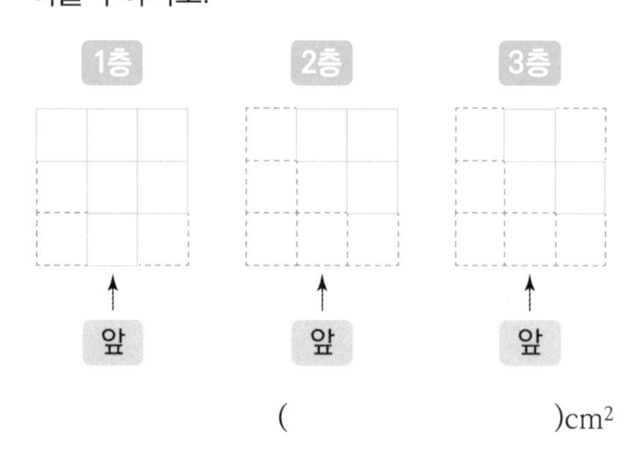

( )cm^2

19 위, 앞, 옆에서 본 모양이 다음과 같도록 쌓기나무를 쌓으려고 합니다. 모두 몇 가지를 만들 수 있는지 구하시오.

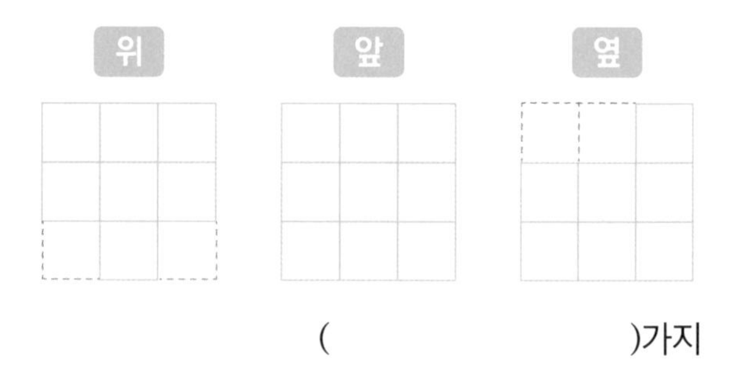

( )가지

20 다음과 같이 쌓기나무 64개를 사용하여 정육면체 모양을 만들었습니다. 색칠된 쌓기나무를 반대쪽까지 완전히 뚫어 모두 빼낼 때, 빼낸 쌓기나무는 몇 개인지 구하시오.

( )개

4 비례식과 비례배분

○ 날짜

○ 이름

○ 배점 단답형 20문제 100점(각 문제는 5점씩입니다.)

○ 평가 시간 45분

○ 맞은 개수 /20

○ 예상 고등 수학 등급

1등급	90점 이상	2등급	80점 이상	3등급	70점 이상
4등급	60점 이상	5등급	50점 이상	6등급	50점 미만

※ 예를 들어 65점은 4등급, 80점은 2등급입니다.

○ 학부모 확인

○ 주최 행복한 우리집

※ 시험이 시작되기 전까지 이 페이지를 넘기지 마세요.

비례식과 비례배분

정답과 풀이 108쪽

1 □ 안에 알맞은 수를 구하시오.

$7:8=56:\square$

(　　　　　)

2 4.5 : 6.3을 가장 간단한 자연수의 비로 나타내려고 합니다. 후항이 7일 때, 전항을 구하시오.

(　　　　　)

3 가로와 세로의 비가 3 : 8인 직사각형이 있습니다. 이 직사각형의 가로가 12cm일 때, 세로는 몇 cm인지 구하시오.

(　　　　　)cm

4 저금통에 있던 20400원을 형과 동생이 10 : 7로 나누어 가지려고 합니다. 형은 동생보다 얼마를 더 많이 갖는지 구하시오.

(　　　　　)원

5 ㉠ : ㉡을 간단한 자연수의 비로 나타내시오.

$㉠\times\frac{3}{7}=㉡\times\frac{5}{6}$

(　　　　　)

6 박물관에 입장한 사람은 모두 273명이고, 이 중에서 어린이는 105명입니다. 박물관에 입장한 어린이 수와 어른 수의 비를 간단한 자연수의 비로 나타내시오.

(　　　　　)

7 비례식에서 내항의 곱이 198일 때, ㉠ + ㉡을 구하시오.

$\frac{11}{15}:9=㉠:㉡$

(　　　　　)

8 주머니에 들어 있던 구슬을 은혜와 주혜가 7 : 12로 나누었더니 주혜가 가진 구슬이 36개였습니다. 주머니에 들어 있던 구슬은 모두 몇 개인지 구하시오.

( )개

9 사탕 252개를 사서 가희와 승윤이가 $\frac{2}{3}$: $\frac{5}{6}$로 나누어 가지려고 합니다. 가희가 갖는 사탕은 몇 개인지 구하시오.

( )개

10 21 : 13과 비율이 같은 비 중에서 전항과 후항의 합이 102인 비를 구하시오.

( )

11 ㉠의 75%와 ㉡의 0.4가 같을 때, ㉡에 대한 ㉠의 비율을 기약분수로 나타내시오.

( )

12 은우는 용돈으로 받은 27000원 중에서 30%는 동생에게 주고, 남은 용돈을 오늘과 내일에 5 : 13으로 나누어 쓰려고 합니다. 은우가 오늘 쓸 수 있는 용돈은 얼마인지 구하시오.

( )원

13 높이가 같은 삼각형과 사다리꼴의 넓이의 합은 810cm²입니다. 삼각형의 넓이를 구하시오.

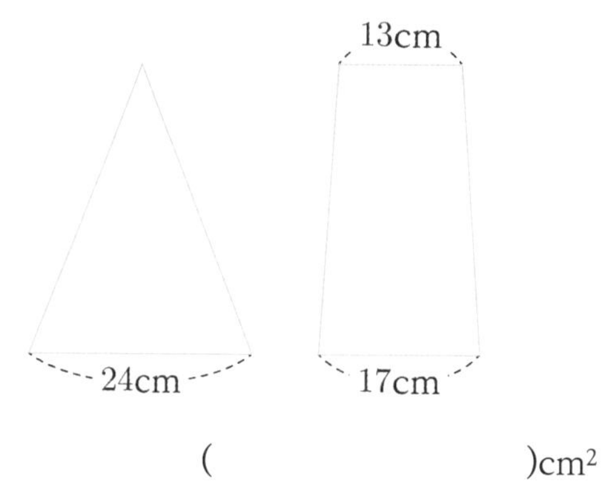

( )cm^2

14 어느 회사에 할아버지와 할머니가 각각 32만 원, 56만 원을 투자하여 얻은 이익금을 투자한 금액의 비로 나누어 가졌습니다. 할머니가 받은 이익금이 77만 원일 때, 할아버지가 받은 이익금은 얼마인지 구하시오.

( )만 원

15 다음과 같이 삼각형과 직사각형이 겹쳐져 있습니다. 겹쳐진 부분의 넓이는 삼각형 넓이의 $\frac{3}{7}$, 직사각형 넓이의 $\frac{5}{12}$입니다. 삼각형과 직사각형의 넓이의 비를 간단한 자연수의 비로 나타내시오.

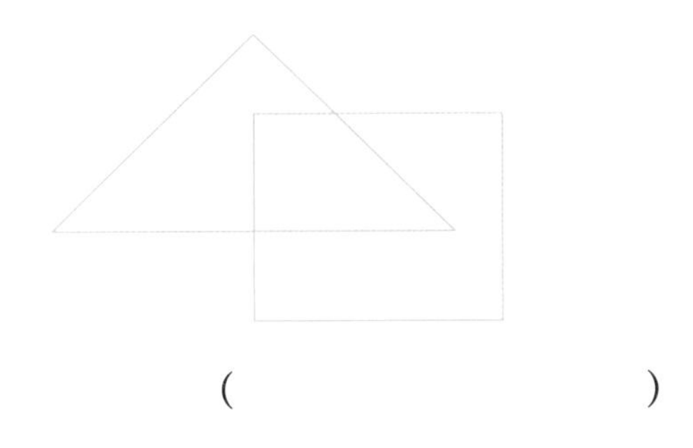

(　　　　　　　　　)

16 삼각형 ㄱㄴㄷ에서 선분 ㄴㄷ과 선분 ㄹㄷ의 길이의 비는 10 : 7입니다. 삼각형 ㄱㄹㄷ의 넓이가 $49cm^2$일 때, 삼각형 ㄱㄴㄹ의 넓이를 구하시오.

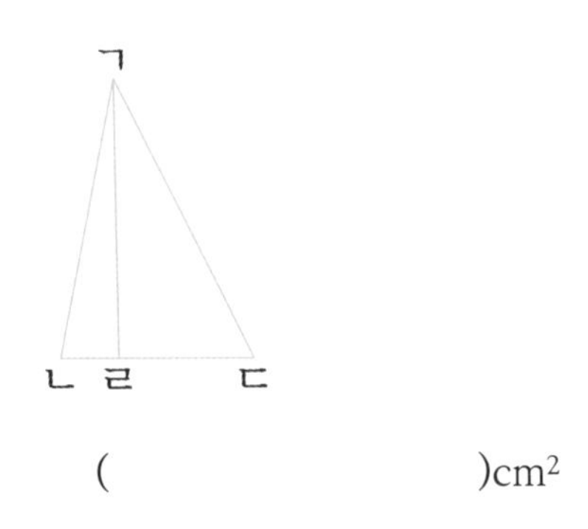

(　　　　　　　　　)cm^2

17 어느 마을에 살고 있는 남학생 수와 여학생 수의 비는 5 : 4입니다. 다음 달에 여학생 몇 명이 이사를 와서 전체 학생 수가 325명이 되고, 남학생 수와 여학생 수의 비는 6 : 7이 된다고 합니다. 이 마을에 사는 남학생 수는 변함이 없을 때, 현재 살고 있는 여학생은 몇 명인지 구하시오.

(　　　　　　　　　)명

18 선분 ㄱㄷ과 선분 ㄷㄴ의 길이의 비는 5 : 6이고, 선분 ㄱㄹ과 선분 ㄹㄴ의 길이의 비는 7 : 4입니다. 선분 ㄷㄹ의 길이가 2cm일 때, 선분 ㄱㄴ의 길이를 구하시오.

2cm
ㄱ　ㄷ　ㄹ　ㄴ

(　　　　　　　　　)cm

19 준이와 유진이는 똑같이 돈을 모아 장난감을 사려고 합니다. 준이는 가진 돈의 $\frac{2}{3}$를 내야 하고, 유진이는 가진 돈의 $\frac{7}{9}$을 내야 합니다. 두 사람이 가진 돈의 합이 11700원일 때, 장난감의 가격을 구하시오.

(　　　　　　　　　)원

20 삼각형 ㄱㄴㄷ에서 점 ㅁ은 선분 ㄴㄷ을 5 : 3으로 나눈 점이고, 점 ㄹ은 선분 ㄴㅁ을 7 : 8로 나눈 점입니다. 삼각형 ㄱㄴㄷ의 넓이가 $480cm^2$일 때, 삼각형 ㄱㄹㅁ의 넓이를 구하시오.

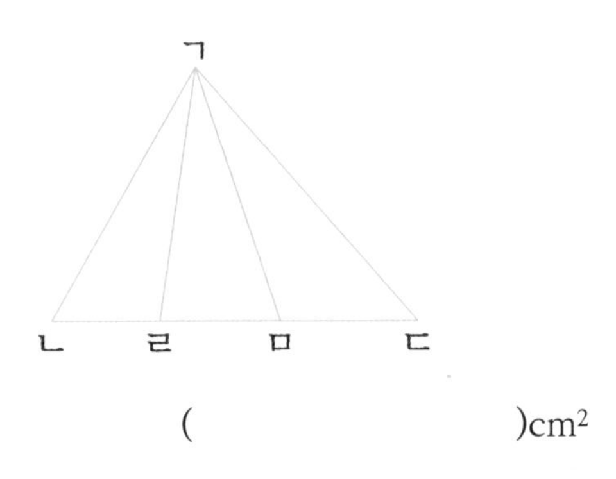

(　　　　　　　　　)cm^2

5 원의 둘레와 넓이

- 날짜
- 이름
- 배점 단답형 20문제 100점(각 문제는 5점씩입니다.)
- 평가 시간 45분
- 맞은 개수 /20
- 예상 고등 수학 등급

1등급	90점 이상	2등급	80점 이상	3등급	70점 이상
4등급	60점 이상	5등급	50점 이상	6등급	50점 미만

※ 예를 들어 65점은 4등급, 80점은 2등급입니다.

- 학부모 확인
- 주최 행복한 우리집

※ 시험이 시작되기 전까지 이 페이지를 넘기지 마세요.

원의 둘레와 넓이

정답과 풀이 111쪽

1 원주가 55.8cm인 원의 넓이를 구하시오.(원주율 : 3.1)

( )cm^2

3 둘레가 80cm인 정사각형 안에 꼭 맞게 그린 원의 넓이를 구하시오.(원주율 : 3.14)

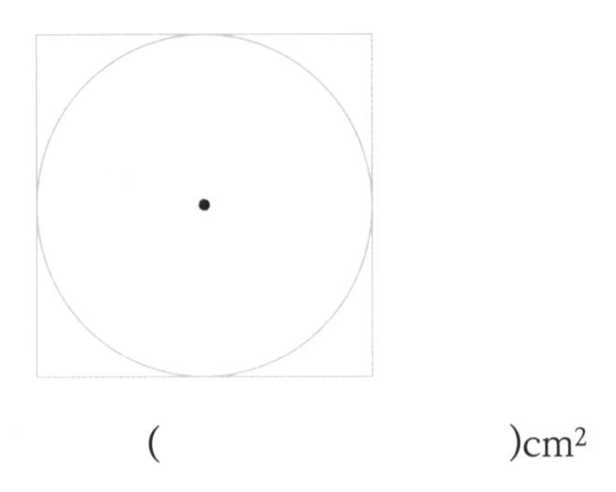

( )cm^2

2 민주는 뛰어서 지름이 30m인 원 모양의 운동장을 5바퀴 돌았습니다. 민주가 뛴 거리는 몇 m인지 구하시오.(원주율 : 3.1)

( )m

4 색칠한 부분의 둘레를 구하시오.(원주율 : 3.1)

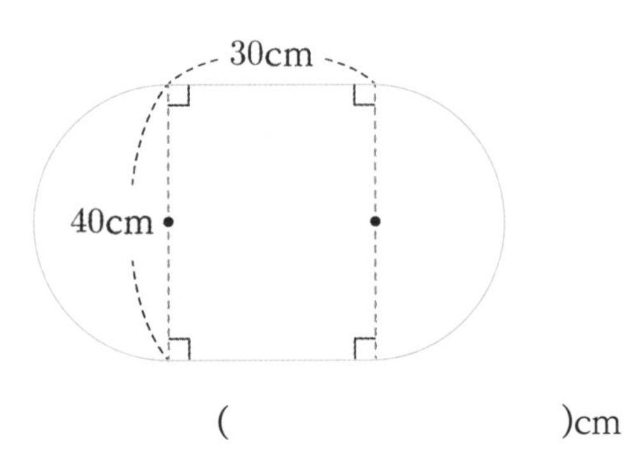

( )cm

5 색칠한 부분의 둘레를 구하시오.(원주율: 3.1)

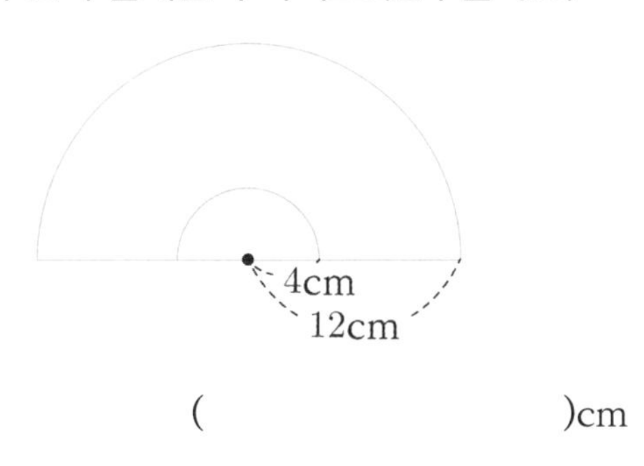

( )cm

7 지름이 40m인 원 모양의 공원 둘레에 3m 간격으로 화분이 놓여 있습니다. 공원 둘레에는 화분이 모두 몇 개 놓여 있는지 구하시오.(단, 화분의 두께는 생각하지 않습니다.)(원주율 : 3)

( )개

6 다음과 같은 직사각형 모양의 종이를 잘라 만들 수 있는 가장 큰 원의 넓이를 구하시오.(원주율 : 3)

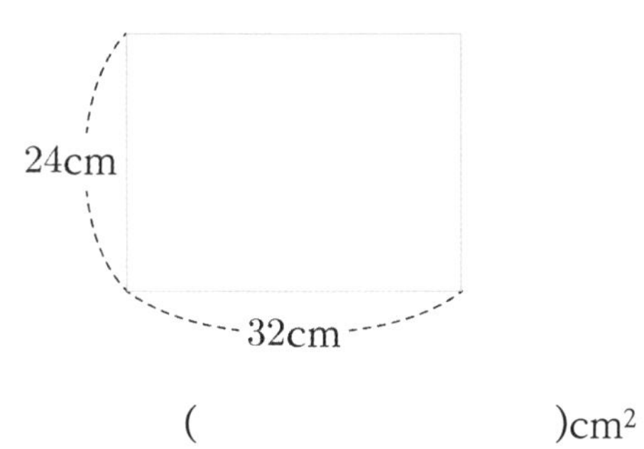

( )cm^2

8 지름이 8cm인 원이 있습니다. 반지름을 2배로 늘리면 원의 넓이는 몇 배로 넓어지는지 구하시오.(원주율 : 3.1)

( )배

9 큰 원의 원주가 50.24cm일 때, 작은 원 1개의 넓이를 구하시오.(원주율 : 3.14)

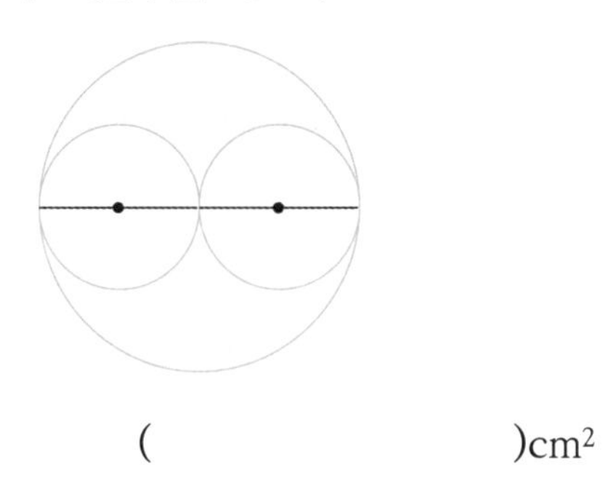

( )cm^2

11 색칠한 부분의 넓이를 구하시오.(원주율 : 3)

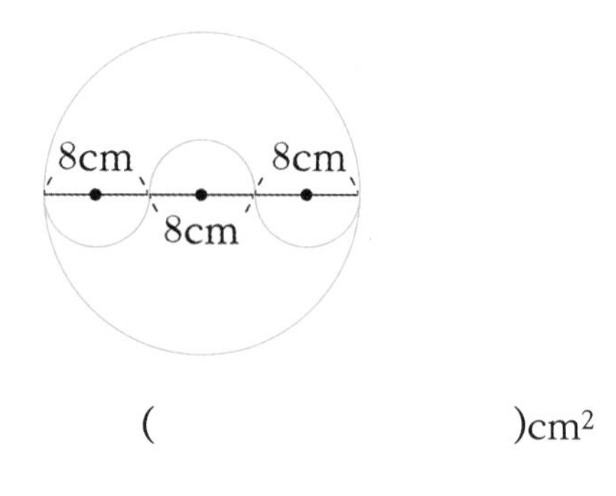

( )cm^2

10 다음은 정사각형 안에 원의 일부를 그린 것입니다. 색칠한 부분의 둘레를 구하시오.(원주율 : 3.1)

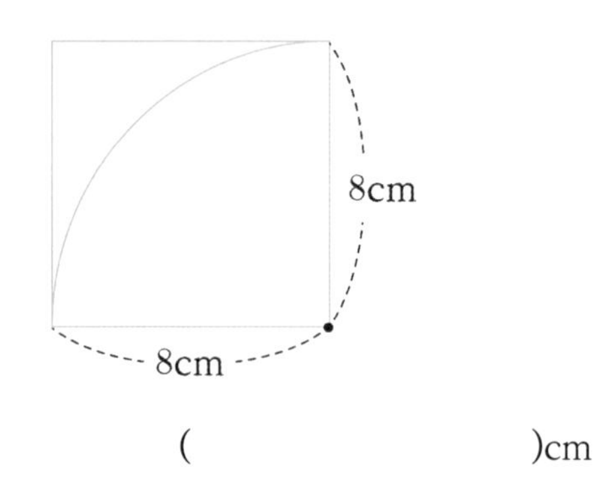

( )cm

12 색칠한 부분의 둘레를 구하시오.(원주율 : 3.14)

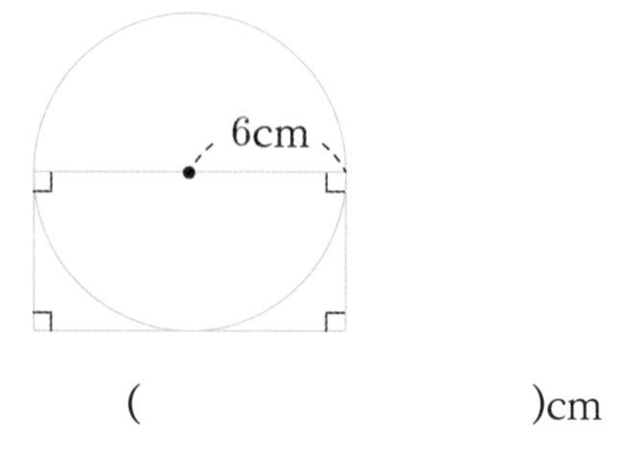

( )cm

13 반지름이 20cm인 원 4개를 다음과 같이 끈으로 겹치지 않게 묶었습니다. 사용한 끈의 길이는 몇 cm인지 구하시오.(원주율 : 3.14)

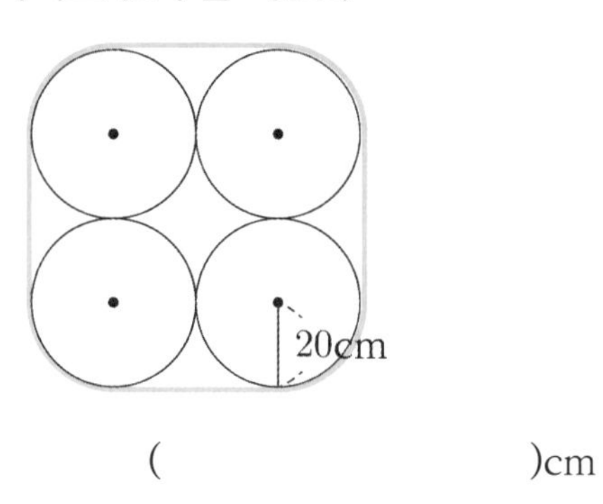

( )cm

15 다음과 같은 운동장에서 색칠한 부분의 넓이를 구하시오.(원주율 : 3)

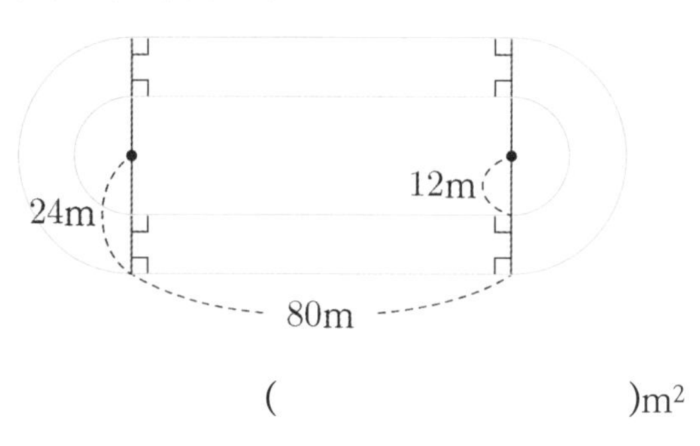

( )m^2

14 다음 도형에서 작은 원의 넓이가 $75cm^2$일 때, 큰 원의 원주를 구하시오.(원주율 : 3)

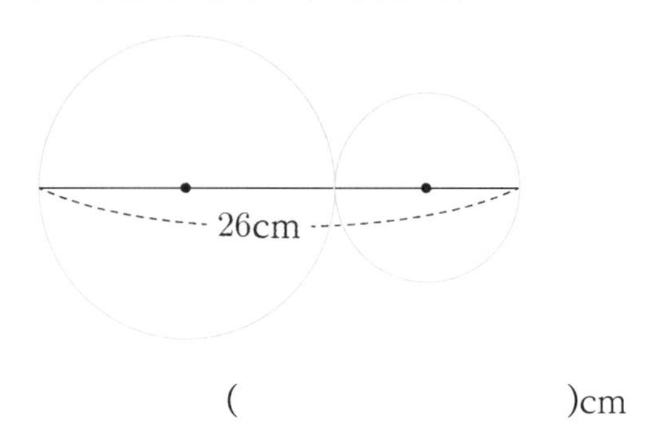

( )cm

16 색칠한 부분의 넓이를 구하시오.(원주율 : 3)

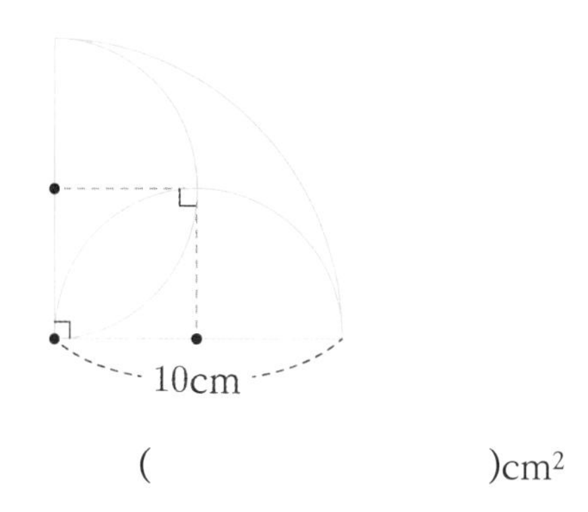

( )cm^2

17 원과 직사각형이 겹쳐진 부분의 넓이는 직사각형 넓이의 $\frac{5}{6}$ 입니다. 직사각형의 둘레를 구하시오.(원주율 : 3)

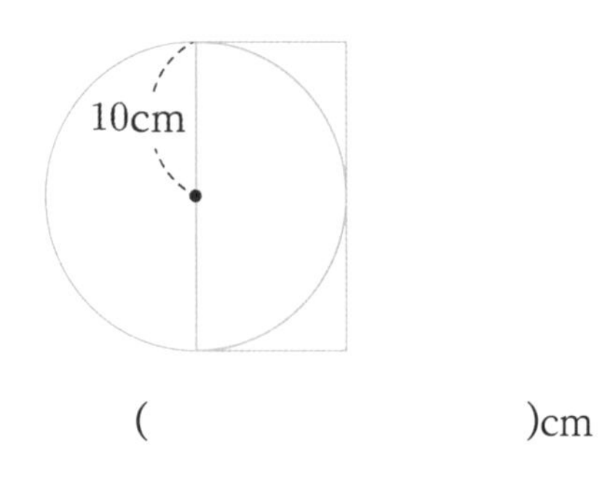

( )cm

19 다음 도형에서 작은 원의 원주가 큰 원의 원주보다 18cm만큼 더 짧고, 큰 원의 넓이는 $108cm^2$ 입니다. 작은 원의 반지름은 몇 cm인지 구하시오.(단, 두 원의 중심은 같습니다.)(원주율 : 3)

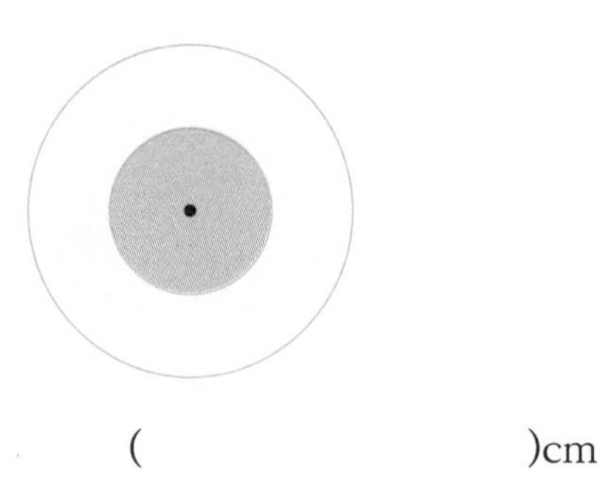

( )cm

18 색칠한 부분의 둘레를 구하시오.(원주율 : 3)

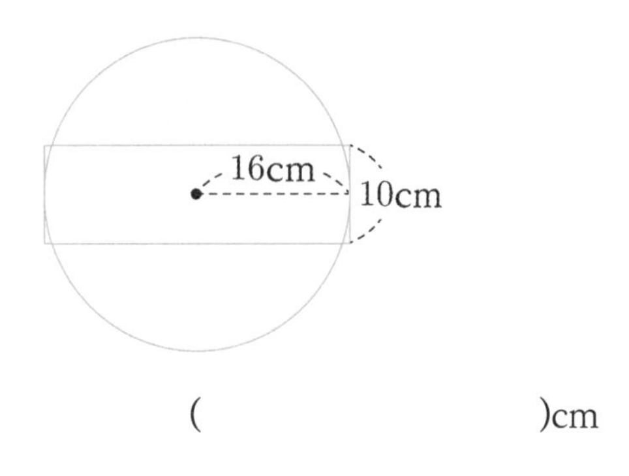

( )cm

20 다음 도형에서 색칠한 두 부분의 넓이가 같을 때, 삼각형의 높이를 구하시오.(원주율 : 3.14)

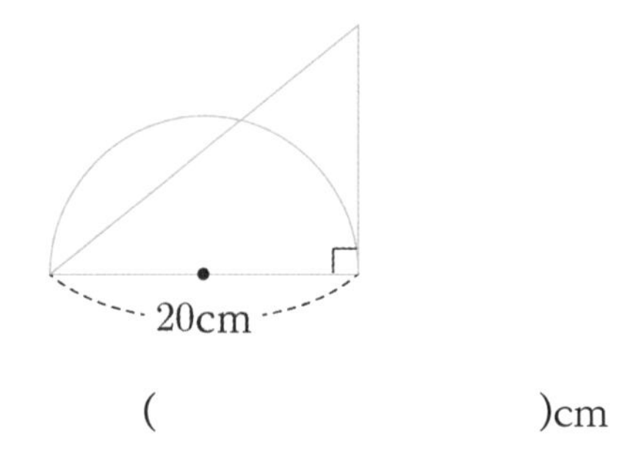

( )cm

6 원기둥, 원뿔, 구

○ 날짜

○ 이름

○ 배점 단답형 20문제 100점(각 문제는 5점씩입니다.)

○ 평가 시간 45분

○ 맞은 개수 /20

○ 예상 고등 수학 등급

1등급	90점 이상	2등급	80점 이상	3등급	70점 이상
4등급	60점 이상	5등급	50점 이상	6등급	50점 미만

※ 예를 들어 65점은 4등급, 80점은 2등급입니다.

○ 학부모 확인

○ 주최 행복한 우리집

※ 시험이 시작되기 전까지 이 페이지를 넘기지 마세요.

원기둥, 원뿔, 구

정답과 풀이 112쪽

1 구를 앞에서 본 모양의 넓이를 구하시오.(원주율 : 3.14)

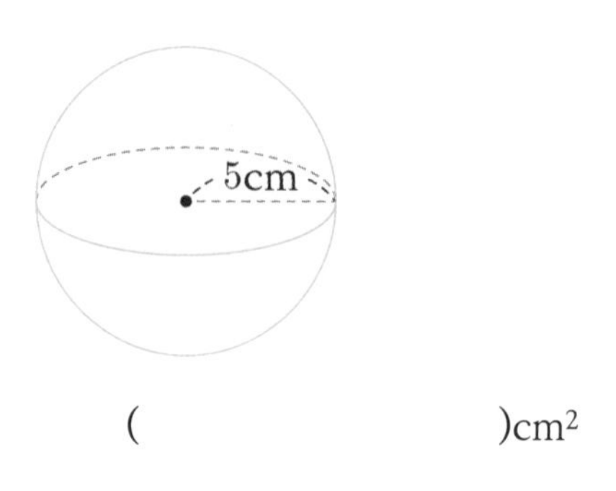

( )cm^2

2 원기둥을 앞에서 본 모양의 둘레를 구하시오.

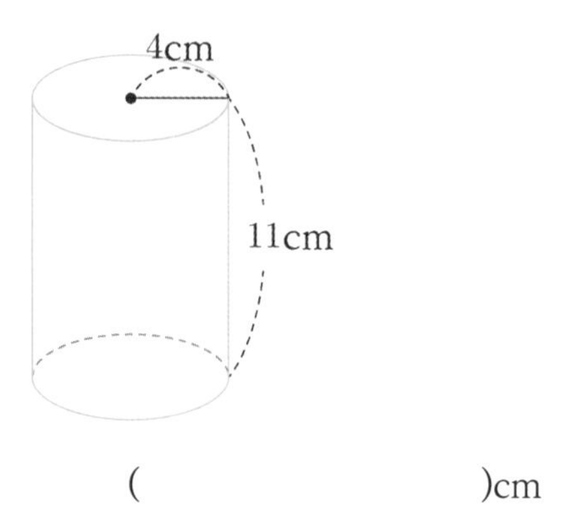

( )cm

3 원기둥을 펼쳐 전개도를 만들었을 때, 옆면의 넓이를 구하시오.(원주율 : 3)

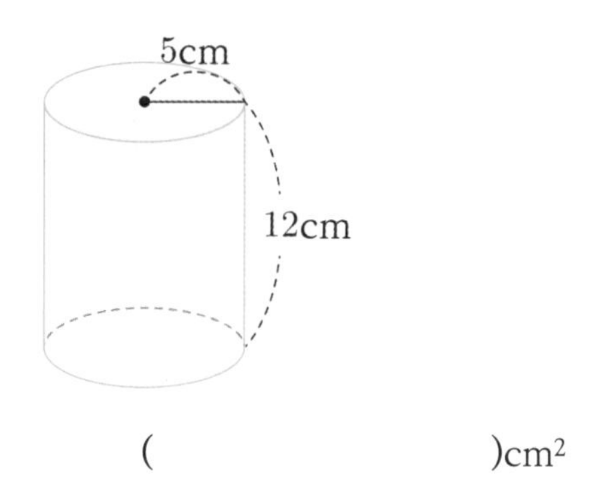

( )cm^2

4 지름을 기준으로 반원 모양의 종이를 1바퀴 돌렸을 때 만들어지는 입체도형의 지름은 몇 cm인지 구하시오.

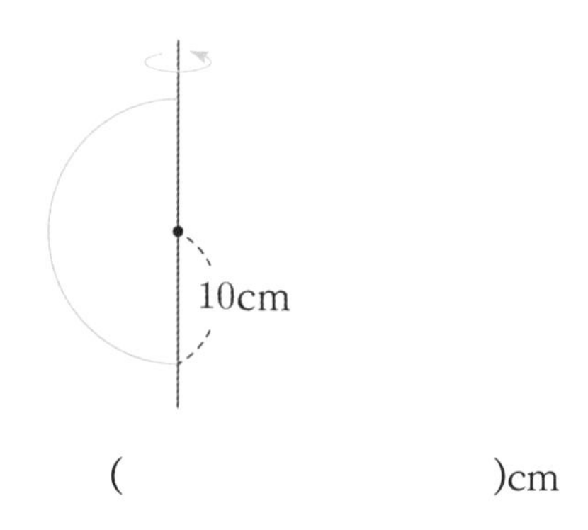

( )cm

5 원기둥의 전개도에서 밑면의 반지름이 4cm일 때, 원기둥의 옆면의 둘레를 구하시오.(원주율 : 3.14)

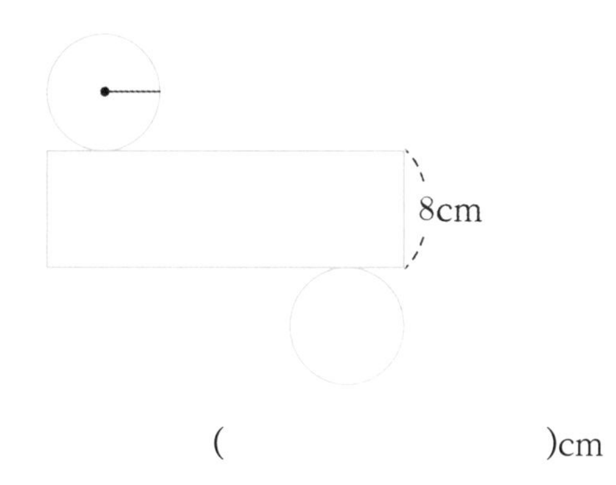

( )cm

6 원기둥의 전개도의 넓이는 몇 cm^2인지 구하시오.(원주율 : 3.1)

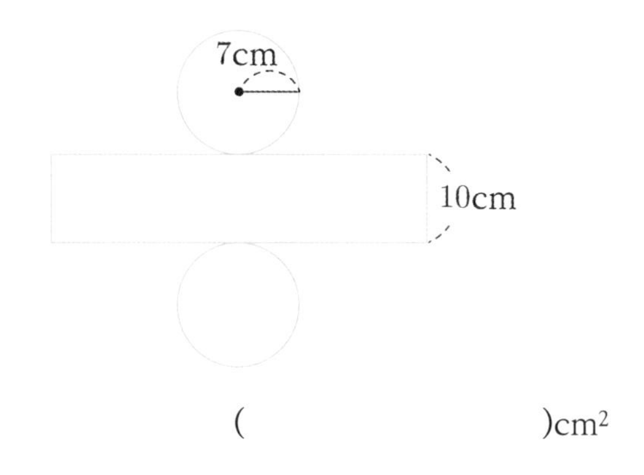

( )cm^2

7 반지름이 14cm인 구를 평면으로 잘랐을 때 생기는 면이 가장 넓도록 잘랐습니다. 이때 생긴 면의 둘레는 몇 cm인지 구하시오.(원주율 : 3.14)

( )cm

8 한 변을 기준으로 어떤 평면도형을 1바퀴 돌려 만든 입체도형입니다. 돌리기 전의 평면도형의 넓이를 구하시오.

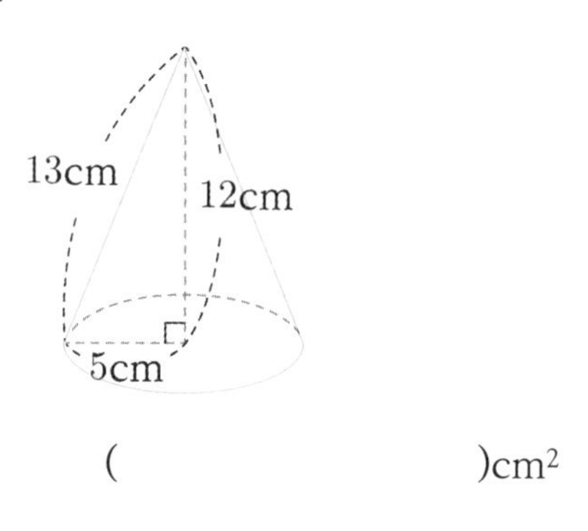

( )cm^2

9 원기둥을 앞에서 본 모양의 넓이가 $180cm^2$입니다. 이 원기둥의 밑면의 넓이를 구하시오.(원주율 : 3.1)

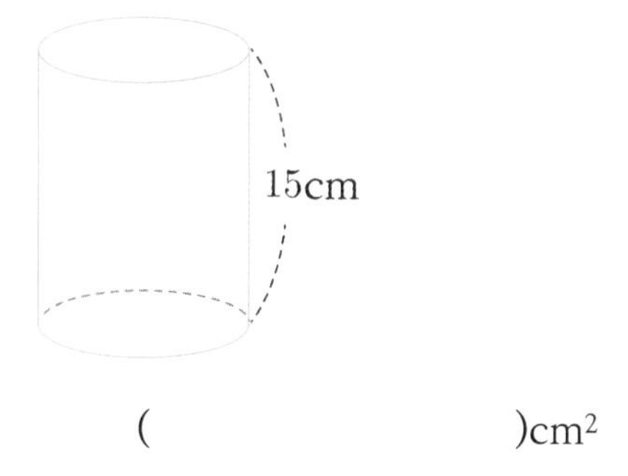

( )cm^2

10 원기둥의 전개도의 둘레가 144cm일 때, 한 밑면의 넓이를 구하시오.(원주율 : 3)

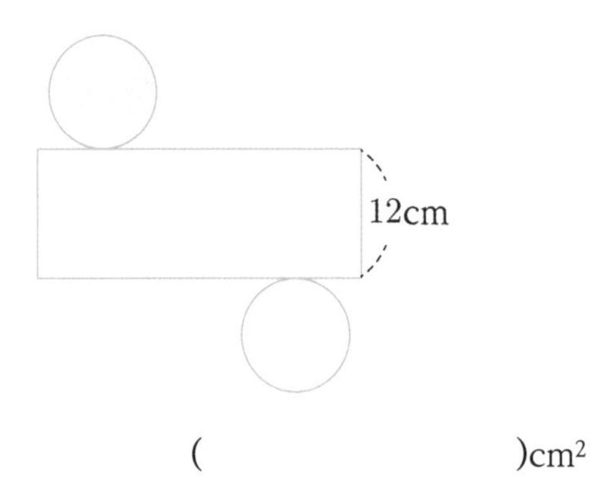

( )cm^2

11 원기둥의 전개도에서 옆면의 넓이는 186cm^2입니다. 전개도를 접었을 때 만들어지는 원기둥의 밑면의 반지름을 구하시오.(원주율 : 3.1)

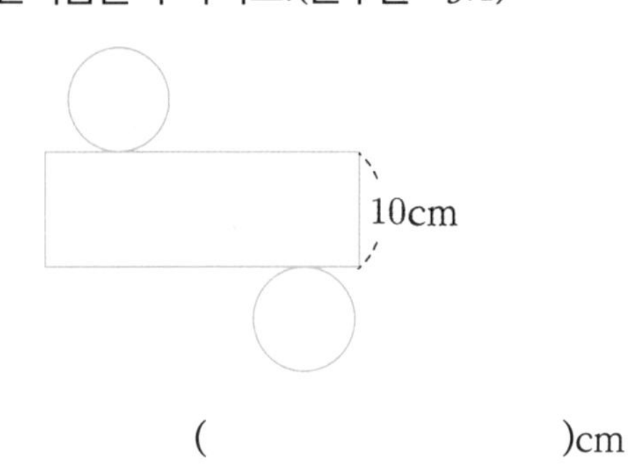

( )cm

12 한 밑면의 넓이가 108cm^2이고, 옆면의 넓이가 504cm^2인 원기둥이 있습니다. 이 원기둥의 높이를 구하시오.(원주율: 3)

( )cm

13 한 변을 기준으로 직사각형 모양의 종이를 1바퀴 돌렸을 때 만들어지는 입체도형의 전개도를 그렸습니다. 이 전개도의 둘레는 몇 cm인지 구하시오.(원주율 : 3.1)

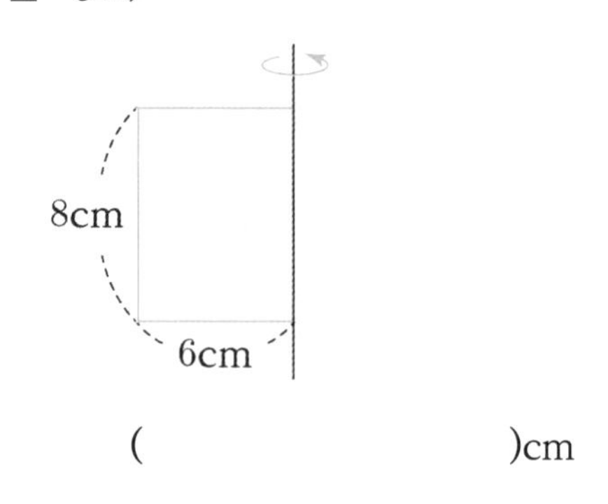

( )cm

14 높이가 15cm인 원기둥의 옆면에 페인트를 묻힌 후 4바퀴 굴렸더니 색칠된 부분의 넓이가 2880cm^2였습니다. 이 원기둥의 밑면의 지름을 구하시오.(원주율 : 3)

( )cm

15 다음 직사각형의 가로와 세로를 기준으로 각각 1바퀴 돌려 만든 입체도형을 앞에서 본 모양의 둘레의 차는 몇 cm인지 구하시오.

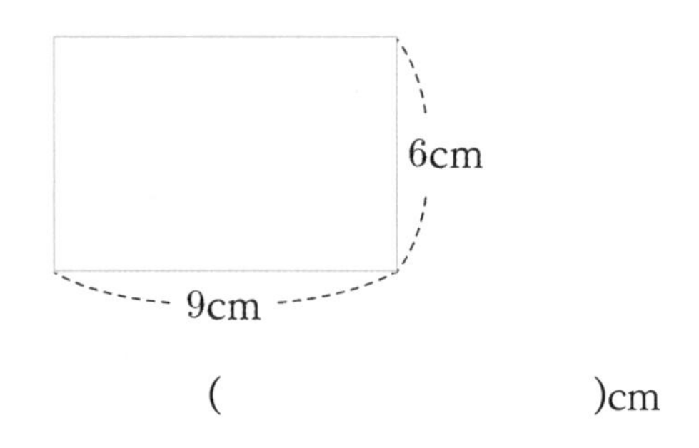

( )cm

16 가로가 36cm, 세로가 34cm인 직사각형 모양의 종이에 원기둥의 전개도를 그리려고 합니다. 밑면의 반지름을 6cm로 하여 옆면을 최대한 넓게 그릴 때, 전개도의 둘레는 몇 cm인지 구하시오. (원주율 : 3)

( )cm

17 다음은 어떤 평면도형을 한 변을 기준으로 1바퀴 돌려 만든 원기둥의 전개도입니다. 전개도의 둘레가 240cm일 때, 돌리기 전의 평면도형의 넓이를 구하시오.(원주율 : 3)

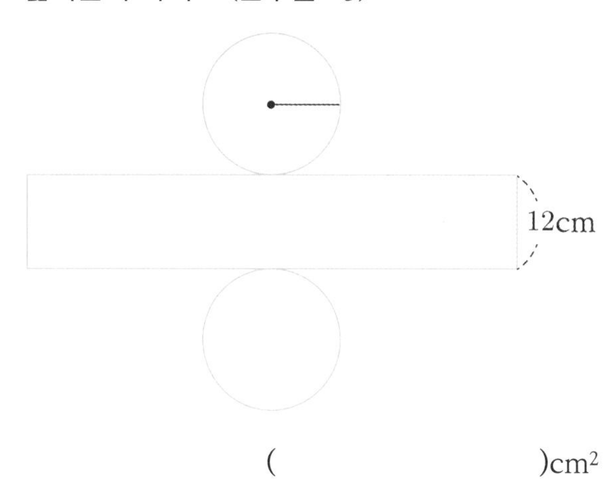

( )cm^2

18 한 밑면의 넓이가 $48cm^2$인 원기둥의 전개도에서 옆면의 가로와 세로가 같습니다. 이 원기둥의 높이를 구하시오.(원주율 : 3)

( )cm

19 직각삼각형을 다음과 같이 1바퀴 돌려 만든 입체도형을 앞에서 본 모양의 넓이가 $72cm^2$일 때, 직각삼각형의 밑변의 길이를 구하시오.

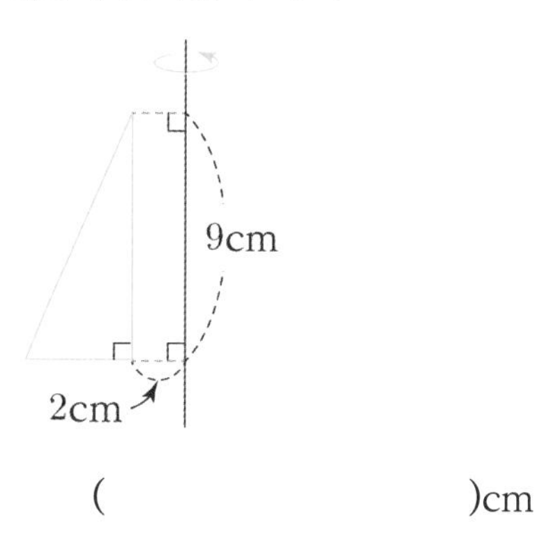

( )cm

20 다음과 같은 원기둥 모양 롤러의 옆면에 페인트를 묻힌 후 굴려 색을 칠하려고 합니다. 색칠된 부분의 넓이가 $1209cm^2$가 되려면 롤러를 몇 바퀴 굴려야 하는지 구하시오.(원주율 : 3.1)

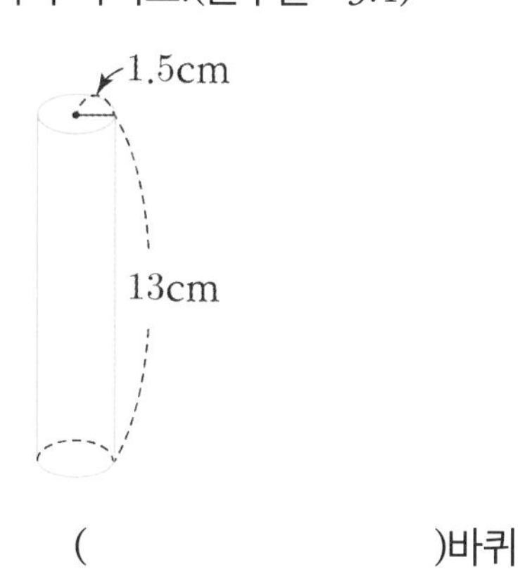

( )바퀴

2학기말 평가

○ 날짜

○ 이름

○ 배점 단답형 20문제 100점(각 문제는 5점씩입니다.)

○ 평가 시간 45분

○ 맞은 개수 /20

○ 예상 고등 수학 등급

1등급	90점 이상	2등급	80점 이상	3등급	70점 이상
4등급	60점 이상	5등급	50점 이상	6등급	50점 미만

※ 예를 들어 65점은 4등급, 80점은 2등급입니다.

○ 학부모 확인

○ 주최 행복한 우리집

※ 시험이 시작되기 전까지 이 페이지를 넘기지 마세요.

1 준호는 감자를 11kg 캤고, 윤아는 고구마를 14.2kg 캤습니다. 두 사람이 캔 감자와 고구마를 합쳐서 1상자에 4.2kg씩 담으면 몇 상자가 되는지 구하시오.

( )상자

2 쌓기나무로 쌓은 모양을 위, 앞, 옆에서 본 모양입니다. 똑같은 모양으로 쌓는 데 필요한 쌓기나무는 몇 개인지 구하시오.

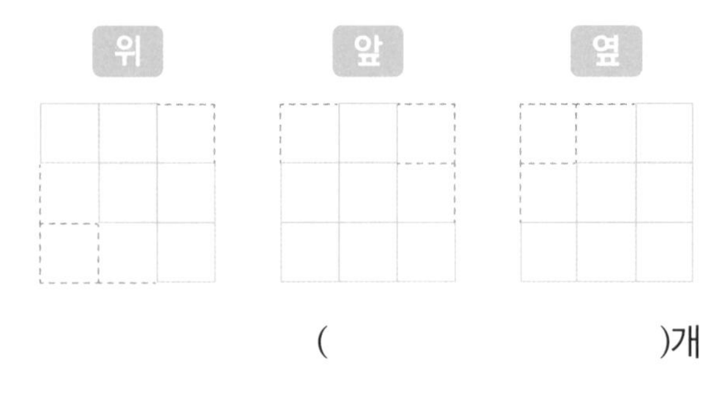

( )개

3 밑변의 길이가 $\frac{2}{5}$cm인 삼각형의 넓이가 $\frac{2}{7}\text{cm}^2$입니다. 이 삼각형의 높이를 구하시오.

( )cm

4 □ 안에 들어갈 수 있는 자연수는 모두 몇 개인지 구하시오.

$$\frac{6}{7}\div\frac{2}{7}<\square<\frac{18}{32}\div\frac{1}{16}$$

( )개

5 다음 직사각형 모양의 종이를 잘라 가장 큰 원을 만들었을 때, 원의 둘레를 구하시오.(원주율 : 3.14)

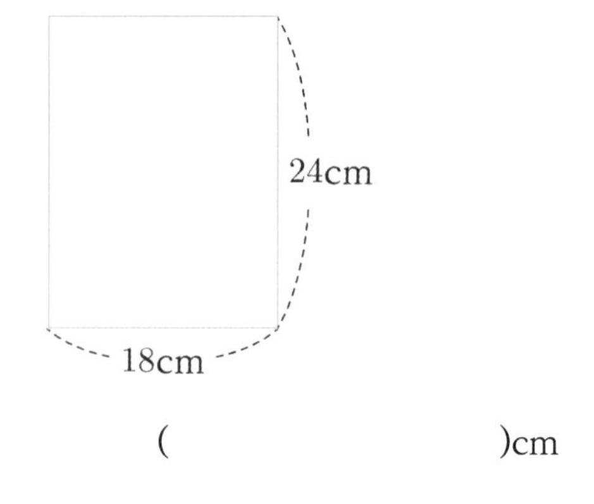

( )cm

6 $16\div44$의 몫의 소수 17번째 자리 숫자를 구하시오.

( )

7 수직선을 보고 ㉡ ÷ ㉠의 값을 분수로 나타내시오.

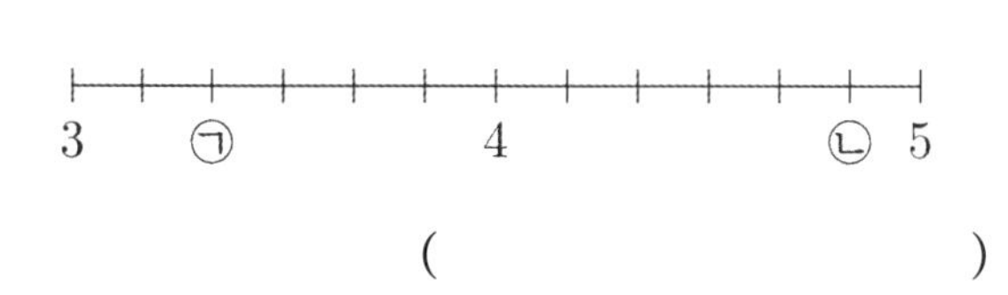

( )

8 위, 앞, 옆에서 본 모양을 모두 다음과 같이 만들기 위해 필요한 쌓기나무는 몇 개인지 구하시오.

( )개

9 가로가 $4\frac{1}{3}$m, 세로가 $2\frac{4}{7}$m인 직사각형 모양의 벽을 칠하는 데 페인트 $\frac{13}{14}$L를 사용했습니다. $1m^2$의 벽을 칠하는 데 몇 L의 페인트를 사용한 것인지 구하시오.

( )L

10 색칠한 부분의 둘레를 구하시오.(원주율 : 3.1)

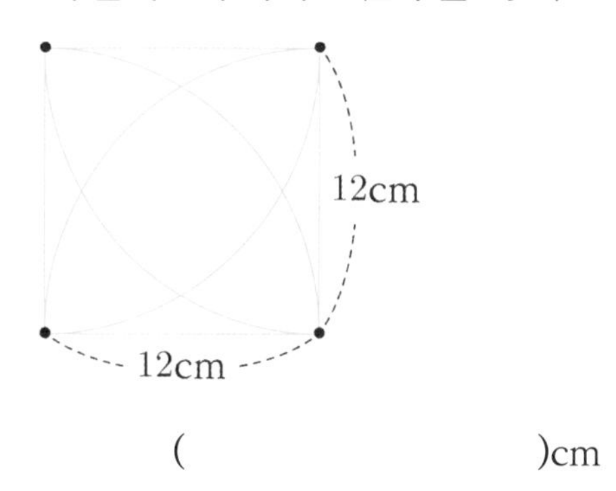

( )cm

11 두 톱니바퀴 ㉠과 ㉡이 있습니다. 톱니바퀴 ㉠이 18번 돌 때 톱니바퀴 ㉡은 12번 돕니다. 톱니바퀴 ㉡이 18번 돌 때 톱니바퀴 ㉠은 몇 번 도는지 구하시오.

( )번

12 색칠한 부분의 넓이를 구하시오.(원주율 : 3)

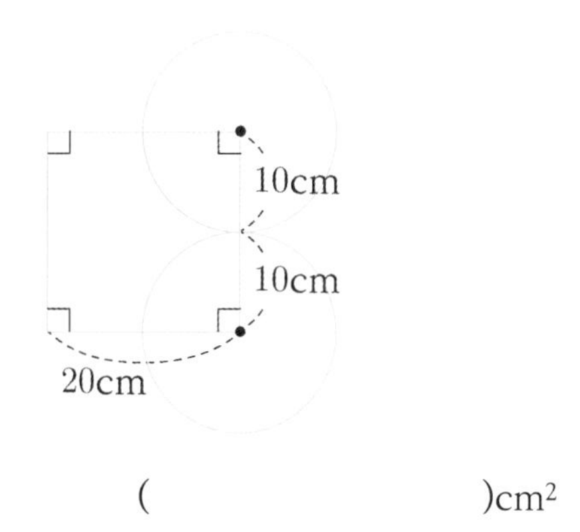

( )cm^2

13 다음은 쌓기나무로 쌓은 모양을 보고 위에서 본 모양에 수를 쓴 것입니다. 2층에 있는 쌓기나무는 3층에 있는 쌓기나무보다 몇 개 더 많은지 구하시오.

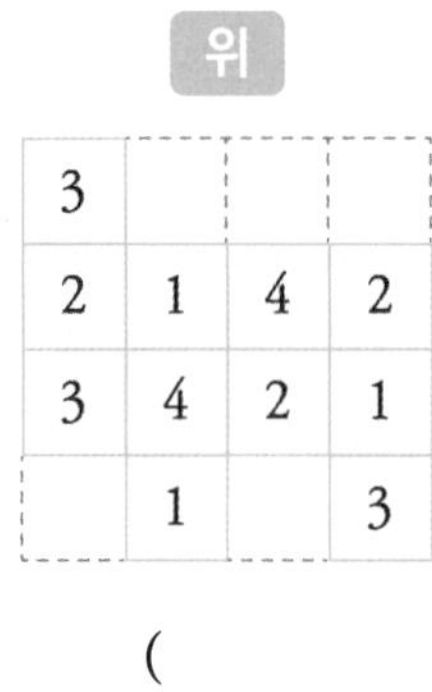

3			
2	1	4	2
3	4	2	1
	1		3

( )개

14 영우는 가지고 있던 물의 $\frac{2}{7}$를 아침에 마시고, 나머지의 $\frac{1}{6}$을 점심에 마셨습니다. 그런 다음 나머지의 $\frac{2}{5}$를 저녁에 마셨더니 30L가 남았습니다. 영우가 아침에 마신 물의 양은 몇 L인지 구하시오.

( )L

15 이번 달 어느 학교의 남학생 수와 여학생 수의 비는 14 : 13입니다. 다음 달에 여학생 몇 명이 전학을 가서 남학생 수와 여학생 수의 비가 7 : 6이 되고, 전체 학생 수는 390명이 된다고 합니다. 남학생 수는 변함이 없을 때, 전학을 가는 여학생은 몇 명인지 구하시오.

( )명

16 다음과 같이 맞닿아 돌아가는 반지름이 4cm인 원판 ㉠과 반지름이 10cm인 원판 ㉡이 있습니다. 원판 ㉠이 20번 돌 때, 원판 ㉡은 몇 번 도는지 구하시오.(원주율 : 3.14)

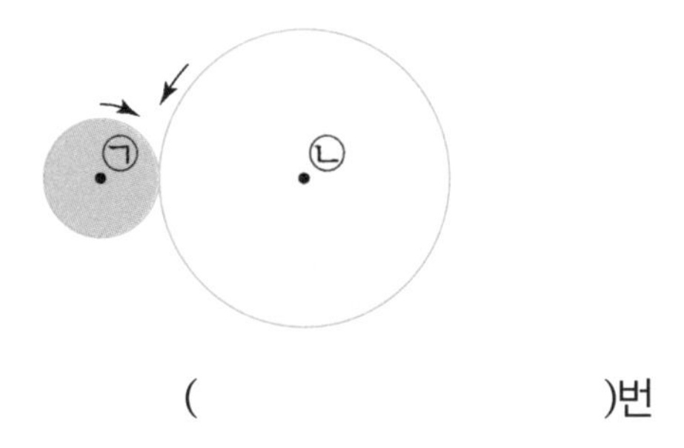

( )번

17 다음과 같이 정사각형 ㉠과 정사각형 ㉡이 겹쳐 있습니다. 겹쳐진 부분의 넓이는 정사각형 ㉠ 넓이의 $\frac{10}{13}$이고, 정사각형 ㉡ 넓이의 $\frac{5}{7}$입니다. 정사각형 ㉠과 정사각형 ㉡의 넓이의 비를 간단한 자연수의 비로 나타내시오.

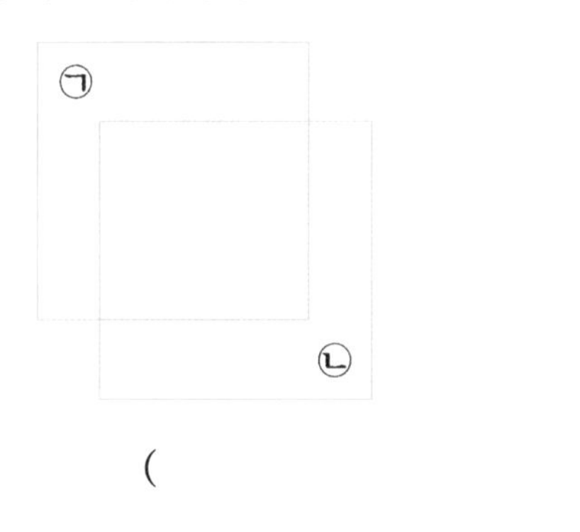

(　　　　　　　　　　)

18 다음과 같이 직사각형 모양 울타리의 한 꼭짓점에 길이가 10m인 끈으로 강아지를 묶어 놓았습니다. 강아지가 울타리 밖에서 움직일 수 있는 부분의 넓이를 구하시오.(단, 끈의 매듭의 길이와 강아지의 크기는 생각하지 않습니다.)(원주율 : 3)

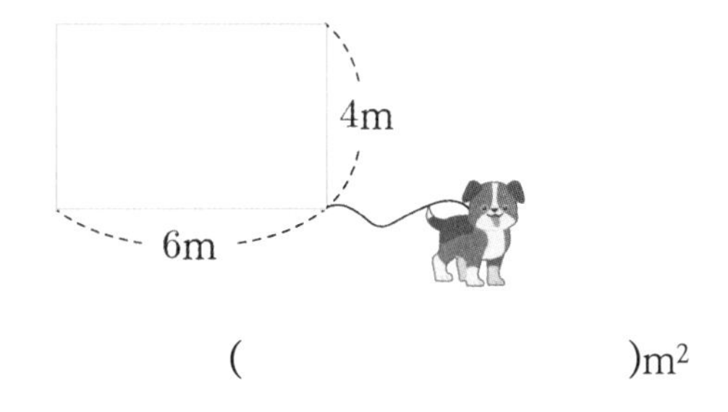

(　　　　　　　　　　)m^2

19 어떤 일을 하는데 혜진이는 2일 동안 전체의 $\frac{1}{8}$을 했고, 이어서 수빈이는 4일 동안 전체의 $\frac{1}{4}$을 했습니다. 그리고 남은 일을 다온이가 5일 동안 하여 모두 끝마쳤습니다. 이 일을 세 사람이 처음부터 함께 하면 며칠 만에 끝낼 수 있는지 구하시오.(단, 세 사람이 하루에 일하는 양은 각각 일정합니다.)

(　　　　　　　　　　)일

20 밑면의 지름과 높이의 비가 2 : 3인 원기둥을 옆면으로 4바퀴 굴렸을 때 굴러 간 거리는 173.6cm입니다. 이 원기둥을 앞에서 본 모양의 둘레를 구하시오.(원주율 : 3.1)

(　　　　　　　　　　)cm

초등수학 레벨 테스트

++++++++++++++++++++++++++++

풀이와 정답

1 분수의 나눗셈

1	$\frac{9}{70}$km	2	$\frac{3}{7}$m	3	$\frac{1}{9}$	4	12
5	$\frac{5}{56}$	6	$6\frac{3}{4}$cm^2	7	$\frac{9}{40}$kg	8	$2\frac{1}{7}$m
9	$3\frac{7}{16}$cm	10	$2\frac{3}{7}$	11	6	12	$10\frac{2}{3}$km
13	11	14	6일	15	오후 6시 3분 30초	16	$3\frac{3}{7}$cm
17	$4\frac{4}{21}$L	18	$3\frac{2}{5}$km	19	$3\frac{1}{12}$	20	$\frac{1}{9}$

01 혜선이가 1분 동안 뛴 거리는 $\frac{9}{10}\div 7$ $=\frac{9}{10}\times\frac{1}{7}=\frac{9}{70}$(km)입니다.

02 정사각형의 한 변의 길이는 $1\frac{5}{7}\div 4=\frac{12}{7}\div 4$ $=\frac{12\div 4}{7}=\frac{3}{7}$(m)입니다.

03 만들 수 있는 가장 큰 진분수는 $\frac{7}{9}$이므로 $\frac{7}{9}\div 7=\frac{7\div 7}{9}=\frac{1}{9}$입니다.

04 $11\frac{3}{8}\div 7=\frac{91}{8}\div 7=\frac{91\div 7}{8}=\frac{13}{8}$이고, $\frac{\square}{8}<\frac{13}{8}$이므로 $\square<13$입니다. 따라서 □ 안에 들어갈 수 있는 가장 큰 자연수는 12입니다.

05 어떤 수를 □라 하면 $\square\times 8=\frac{40}{7}$, $\square=\frac{40}{7}\div 8=\frac{40\div 8}{7}=\frac{5}{7}$입니다. 따라서 바르게 계산하면 $\frac{5}{7}\div 8=\frac{5}{7}\times\frac{1}{8}=\frac{5}{56}$입니다.

06 (정사각형의 넓이) $=3\times 3=9$(cm^2)이고, (정사각형 한 칸의 넓이) $=9\div 4=\frac{9}{4}$(cm^2)입니다. 따라서 (색칠한 부분의 넓이)$=\frac{9}{4}\times 3=\frac{27}{4}=6\frac{3}{4}$(cm^2)입니다.

07 (책 8권의 무게) $=2\frac{1}{5}-\frac{2}{5}=1\frac{6}{5}-\frac{2}{5}=1\frac{4}{5}$(kg)입니다. 따라서 (책 1권의 무게) $=1\frac{4}{5}\div 8=\frac{9}{5}\times\frac{1}{8}=\frac{9}{40}$(kg)입니다.

08 (가로등 사이의 간격 수) $=14-1=13$(군데)이므로 (가로등 사이의 간격) $=27\frac{6}{7}\div 13=\frac{195}{7}\div 13=\frac{195\div 13}{7}=\frac{15}{7}=2\frac{1}{7}$(m)입니다.

09 (정오각형의 둘레) $=$
$2\frac{3}{4}\times 5=\frac{11}{4}\times 5=\frac{55}{4}=13\frac{3}{4}$(cm)이므로
(정사각형 한 변의 길이) $=$
$13\frac{3}{4}\div 4=\frac{55}{4}\div 4=\frac{55}{4}\times\frac{1}{4}=\frac{55}{16}=3\frac{7}{16}$(cm)
입니다.

10 몫이 가장 크려면 가장 작은 수인 4로, 나머지 수로 만든 가장 큰 대분수인 $9\frac{5}{7}$를 나누어야 합니다. 따라서 $9\frac{5}{7}\div 4=\frac{68}{7}\div 4=\frac{68\div 4}{7}$ $=\frac{17}{7}=2\frac{3}{7}$입니다.

11 $4\frac{1}{6}\div 5=\frac{25}{6}\div 5=\frac{25\div 5}{6}=\frac{5}{6}$이므로 $4\frac{1}{6}\times\square\div 5=\frac{5}{6}\times\square$에서 □는 6의 배수여야

계산 결과가 자연수가 됩니다. 따라서 6의 배수 중 가장 작은 수는 6입니다.

●●

12 (자동차가 1분 동안 간 거리) $= 6\frac{2}{3} \div 10$

$= \frac{20}{3} \div 10 = \frac{20 \div 10}{3} = \frac{2}{3}$ (km)이므로

(자동차가 16분 동안 간 거리)

$= \frac{2}{3} \times 16 = \frac{32}{3} = 10\frac{2}{3}$ (km)입니다.

●●●

13 눈금 한 칸의 크기는 $(8-3) \div 6 = 5 \div 6 = \frac{5}{6}$ 이므로 ㉠은 $3 + \frac{5}{6} = 3\frac{5}{6}$ 이고, ㉡은 $3 + \frac{5}{6} \times 5 = 3 + \frac{25}{6} = 7\frac{1}{6}$ 입니다. 따라서 ㉠과 ㉡이 나타내는 수의 합은 $3\frac{5}{6} + 7\frac{1}{6} = 11$입니다.

●●●

14 한빈이는 하루에 전체의 $1 \div 10 = \frac{1}{10}$ 만큼 일을 하고, 건욱이는 하루에 전체의 $1 \div 15 = \frac{1}{15}$ 만큼 일을 하므로

두 사람이 함께 하루에 하는 일의 양은 전체의 $\frac{1}{10} + \frac{1}{15} = \frac{3}{30} + \frac{2}{30} = \frac{5}{30} = \frac{1}{6}$ 입니다.

따라서 두 사람이 함께 하면 이 일을 끝내는 데 6일이 걸립니다.

●●●

15 하루 동안 빨라지는 시간은

$5\frac{3}{5} \div 4 = \frac{28}{5} \div 4 = \frac{7}{5} = 1\frac{2}{5}$ (분)이고,

1시간 동안 빨라지는 시간은

$1\frac{2}{5} \div 24 = \frac{7}{5} \div 24 = \frac{7}{5} \times \frac{1}{24} = \frac{7}{120}$ (분)입니다.

7월 1일 오전 6시부터 7월 3일 오후 6시까지는 60시간이므로 60시간 동안 빨라지는 시간은

$\frac{7}{120} \times 60 = \frac{7}{2} = 3\frac{1}{2}$ (분) = 3분 30초입니다.

따라서 7월 3일 오후 6시에 이 시계가 가리키는 시각은 오후 6시 3분 30초입니다.

●●●

16 정사각형의 한 변의 길이는

$5\frac{1}{7} \div 4 = \frac{36}{7} \div 4 = \frac{9}{7} = 1\frac{2}{7}$ (cm)이고,

색칠한 부분의 세로는

$1\frac{2}{7} \div 3 = \frac{9}{7} \div 3 = \frac{3}{7}$ (cm)입니다.

따라서 색칠한 부분의 둘레는 $\left(1\frac{2}{7} + \frac{3}{7}\right) \times 2$

$= \left(\frac{9}{7} + \frac{3}{7}\right) \times 2 = \frac{12}{7} \times 2 = \frac{24}{7} = 3\frac{3}{7}$ (cm)입니다.

●●●

17 승우가 마신 물을 □L라 하면

종석이가 마신 물은 $\left(\square + 1\frac{1}{3}\right)$L이므로

$\square + \left(\square + 1\frac{1}{3}\right) = 9\frac{5}{7}$, $\square + \square = 8\frac{8}{21}$,

$\square = 8\frac{8}{21} \div 2 = \frac{176}{21} \div 2 = \frac{176 \div 2}{21} = \frac{88}{21}$

$= 4\frac{4}{21}$ 입니다.

따라서 승우가 마신 물의 양은 $4\frac{4}{21}$ L입니다.

●●●●

18 (현아가 1분 동안 가는 거리)

$= \frac{3}{5} \div 4 = \frac{3}{5} \times \frac{1}{4} = \frac{3}{20}$ (km)이고,

(현정이가 1분 동안 가는 거리)

$= \frac{2}{3} \div 5 = \frac{2}{3} \times \frac{1}{5} = \frac{2}{15}$ (km)입니다.

두 사람이 서로 반대 방향으로 걸어가므로 출발한 지 1분 후 두 사람 사이의 거리는

$\frac{3}{20} + \frac{2}{15} = \frac{9}{60} + \frac{8}{60} = \frac{17}{60}$ (km)입니다.

따라서 출발한 지 12분 후 두 사람 사이의 거리는

$\frac{17}{60} \times 12 = \frac{17}{5} = 3\frac{2}{5}$ (km)입니다.

●●●●

19 (삼각형의 넓이) $= 6 \times \square \div 2 = 3 \times \square$ (cm²)이고, (사다리꼴의 넓이) $= (5+11) \times \square \div 2$

$= 16 \times \square \div 2 = 8 \times \square (cm^2)$입니다.
따라서 삼각형과 사다리꼴의 넓이의 합은
$33\frac{11}{12}cm^2$이므로 $3 \times \square + 8 \times \square = 33\frac{11}{12}$,
$11 \times \square = 33\frac{11}{12}$, $\square = 33\frac{11}{12} \div 11 = \frac{407}{12} \div 11$
$= \frac{37}{12} = 3\frac{1}{12}$ 입니다.

●●●●
20 $\left(\frac{1}{12}+\frac{1}{20}+\frac{1}{30}+\frac{1}{42}+\frac{1}{56}+\frac{1}{72}\right)\div 2$
$=\left(\frac{1}{3\times4}+\frac{1}{4\times5}+\frac{1}{5\times6}+\frac{1}{6\times7}+\frac{1}{7\times8}+\frac{1}{8\times9}\right)\div 2$
$=\left(\frac{1}{3}-\frac{1}{4}+\frac{1}{4}-\frac{1}{5}+\frac{1}{5}-\frac{1}{6}+\frac{1}{6}-\frac{1}{7}+\frac{1}{7}-\frac{1}{8}+\frac{1}{8}-\frac{1}{9}\right)\div 2$
$=\left(\frac{1}{3}-\frac{1}{9}\right)\div 2=\left(\frac{3}{9}-\frac{1}{9}\right)\div 2=\frac{2}{9}\div 2=\frac{1}{9}$
입니다.

2 각기둥과 각뿔

1	12개	2	26개	3	10개	4	5개
5	35cm	6	9cm	7	14개	8	200cm²
9	120cm²	10	7개	11	19개	12	42개
13	40cm	14	12개	15	48개	16	36cm²
17	84cm	18	10개	19	9cm²	20	9cm

●
01 밑면의 모양이 육각형인 각기둥은 육각기둥입니다. 따라서 (꼭짓점의 수) $= 6 \times 2 = 12$(개)입니다.

●
02 (꼭짓점의 수) = (밑면의 변의 수) $+ 1 = 14$이므로 (밑면의 변의 수) $= 14 - 1 = 13$(개)입니다. 따라서 이 각뿔은 십삼각뿔이므로 (모서리의 수) $= 13 \times 2 = 26$(개)입니다.

●
03 (모서리의 수) = (한 밑면의 변의 수) $\times 3 = 15$이므로 (한 밑면의 변의 수) $= 15 \div 3 = 5$(개)입니다. 따라서 이 각기둥은 오각기둥이므로 (꼭짓점의 수) $= 5 \times 2 = 10$(개)입니다.

●
04 면의 수가 가장 적은 각기둥은 삼각기둥이고 (면의 수) = (한 밑면의 변의 수) $+ 2$이므로 $3 + 2 = 5$(개)의 면이 필요합니다.

●
05 옆면이 7개이므로 밑면의 변은 7개이고, 밑면의 모든 변의 길이는 5cm입니다. 따라서 (밑면의 둘레) $= 5 \times 7 = 35$(cm)입니다.

●
06 (모서리의 수) $= 8 \times 2 = 16$(개)이므로 (한 모서리의 길이) $= 144 \div 16 = 9$(cm)입니다.

●●
07 (면의 수) = (한 밑면의 변의 수) $+ 2 = 9$이므로 (한 밑면의 변의 수) $= 9 - 2 = 7$(개)입니다.
따라서 (꼭짓점의 수) $= 7 \times 2 = 14$(개)입니다.

●●
08 밑면이 정오각형이므로 옆면은 5개이고,
(한 옆면의 넓이) $= 8 \times 10 \div 2 = 40(cm^2)$이므로
(옆면의 넓이의 합) $= 40 \times 5 = 200(cm^2)$입니다.

●●
09 면 ㅁㅂㅅ의 넓이가 $24cm^2$이고,
(변 ㅁㅂ) = (변 ㄴㄱ) = 6cm이므로
(변 ㅁㅅ) $= 24 \times 2 \div 6 = 8$(cm)입니다.
따라서 (옆면의 넓이의 합)
$= (6 + 8 + 10) \times 5 = 120(cm^2)$입니다.

●●
10 (각기둥의 모서리의 수) = (한 밑면의 변의 수) $\times 3 = 18$이므로 (한 밑면의 변의 수) $= 18 \div 3 = 6$(개)입니다. 따라서 밑면의 모양이 같은 각

뿔은 육각뿔이고, (육각뿔의 꼭짓점의 수) = 6 + 1 = 7(개)입니다.

●●

11 (꼭짓점의 수) = (밑면의 변의 수) + 1 = 7이므로 (밑면의 변의 수) = 7-1 = 6(개)입니다.
(모서리의 수) = $6 \times 2 = 12$(개)이고,
(면의 수) = 6 + 1 = 7(개)입니다.
따라서 이 각뿔의 모서리와 면의 수의 합은
12 + 7 = 19(개)입니다.

●●

12 각기둥의 한 밑면의 변의 수를 □개라 하면
$\square \times 2 + \square \times 3 = 50$, $\square \times 5 = 50$, □ = 10입니다. 따라서 십각뿔의 면, 모서리, 꼭짓점의 수의 합은 $(10+1)+(10 \times 2)+(10+1) = 11+20+11 = 42$(개)입니다.

●●●

13 ㉠모양 2장, ㉡모양 2장을 모두 사용하여 다음과 같은 삼각뿔을 만들 수 있습니다.
따라서 (모든 모서리의 길이의 합)
$= 7 \times 5 + 5 = 40$(cm)입니다.

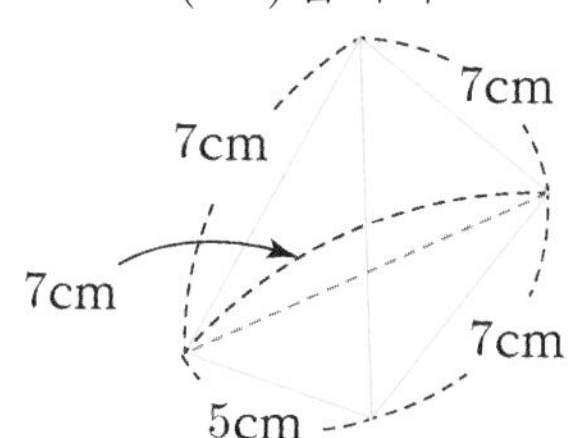

●●●

14 밑면이 2개이고, 옆면이 모두 직사각형인 입체도형은 각기둥입니다. 각기둥의 한 밑면의 변의 수를 □개라 하면
$(\square + 2) + (\square \times 3) + (\square \times 2) = 38$,
$\square \times 6 + 2 = 38$, $\square \times 6 = 36$, □ = 6입니다.
따라서 (육각기둥의 꼭짓점의 수)
$= 6 \times 2 = 12$(개)입니다.

●●●

15 세 각뿔의 밑면의 변의 수의 합을 □개라 하면
□ + 3 = 27, □ = 24입니다. 따라서 (세 각뿔의 모서리의 수의 합) $= 24 \times 2 = 48$(개)입니다.

●●●

16 밑면의 한 변의 길이를 □cm라 하면
$\square \times 8 + 12 \times 4 = 96$, $\square \times 8 + 48 = 96$,
$\square \times 8 = 48$, □ = 6입니다. 따라서 이 사각기둥의 한 밑면의 넓이는 $6 \times 6 = 36$(cm^2)입니다.

●●●

17 (선분 ㅊㅈ) = (선분 ㄱㄴ) = 5cm이고,
(면 ㅅㅇㅈㅊ의 넓이) = (선분 ㅇㅈ) $\times 5 = 30$이므로 (선분 ㅇㅈ) = 6cm입니다.
(선분 ㄷㄴ) = (선분 ㄱㄴ) = 5cm이고,
(면 ㄷㄹㅁㄴ의 넓이) = (선분 ㄷㄹ) $\times 5 = 50$이므로 (선분 ㄷㄹ) = 10cm입니다.
따라서 전개도의 둘레는 $5 \times 8 + 6 \times 4 + 10 \times 2 = 40 + 24 + 20 = 84$(cm)입니다.

●●●●

18 꼭짓점의 수와 면의 수가 같은 입체도형은 각뿔입니다. 각뿔의 밑면의 변을 □개라 하면
(모서리의 수) + (면의 수) = $\square \times 2 + (\square + 1) = 28$이므로 $\square \times 2 + \square = 27$, $\square \times 3 = 27$, □=9입니다. 따라서 (구각뿔의 꼭짓점의 수)
= 9 + 1 = 10(개)입니다.

●●●●

19 (옆면의 넓이의 합) = $360 \div 2 = 180$(cm^2)이므로 (한 밑면의 둘레) = $180 \div 15 = 12$(cm)입니다. 따라서 이 사각기둥의 밑면은 정사각형이고, 한 변의 길이는 $12 \div 4 = 3$(cm)이므로 (한 밑면의 넓이) $= 3 \times 3 = 9$(cm^2)입니다.

●●●●

20 전개도를 접어서 입체도형을 만들면 다음과 같습니다. 따라서 점 ㉠과 점 ㉡ 사이의 거리는 9 cm입니다.

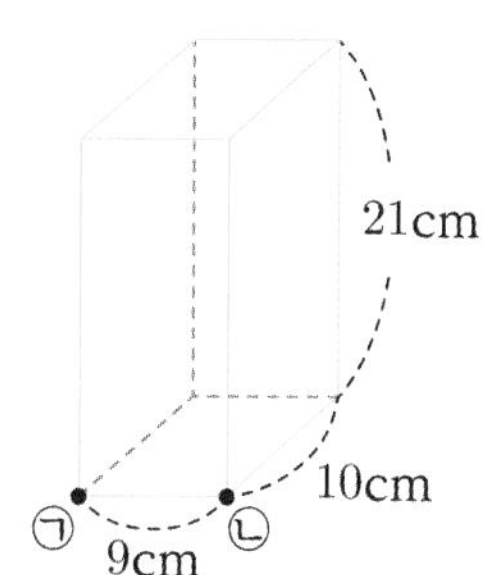

3 소수의 나눗셈

1	1.96m²	2	2.5	3	29.52km	4	0.36kg
5	7.3L	6	1.45	7	0.27kg	8	1.2배
9	1.3L	10	2.3m	11	0.92cm	12	1.3kg
13	6.4	14	오전 8시 34분 30초	15	82.2km	16	17.2cm
17	86.15km	18	36.1분	19	56.16	20	12분 30초

●

01 (정원의 한 변의 길이) $= 5.6 \div 4 = 1.4$(m)입니다. 따라서 (정원의 넓이) $= 1.4 \times 1.4 = 1.96$(m^2) 입니다.

●

02 $45 \div 18 = 2.5$입니다.

●

03 (기차가 1분 동안 간 거리) $= 19.68 \div 6$ $= 3.28$(km)입니다. 따라서 (기차가 9분 동안 갈 수 있는 거리)$= 3.28 \times 9 = 29.52$(km)입니다.

●

04 (책 1상자의 무게)$= 10.08 \div 7 = 1.44$(kg)입니다. 따라서 (책 1권의 무게) $= 1.44 \div 4 = 0.36$(kg) 입니다.

●

05 (벽의 넓이) $= 4 \times 2 = 8$(m^2)입니다. 따라서 (1m²의 벽을 칠하는 데 사용한 페인트의 양) $= 58.4 \div 8 = 7.3$(L)입니다.

●

06 어떤 소수를 □라 하면 $\square \times 8 = 92.8$, $\square = 92.8 \div 8 = 11.6$입니다. 따라서 바르게 계산하면 $11.6 \div 8 = 1.45$입니다.

●●

07 (오렌지 13개의 무게) $= 4 - 0.49 = 3.51$(kg)입니다. 따라서 (오렌지 1개의 무게) $= 3.51 \div 13$ $= 0.27$(kg)입니다.

●●

08 (직사각형의 넓이) $= 6 \times 7.2 = 43.2$(cm^2)이고, (삼각형의 넓이)$= 16 \times 4.5 \div 2 = 36$($cm^2$)입니다. 따라서 직사각형의 넓이는 삼각형의 넓이의 $43.2 \div 36 = 1.2$(배)입니다.

●●

09 (상자 15개를 칠하는 데 필요한 페인트의 양) $= 19 + 0.5 = 19.5$(L)입니다. 따라서 (상자 1개를 칠하는 데 필요한 페인트의 양) $= 19.5 \div 15$ $= 1.3$(L)입니다.

●●

10 (가로수 사이의 간격 수)$= 10-1 = 9$(군데)입니다. 따라서 (가로수 사이의 간격)$= 20.7 \div 9 = 2.3$(m) 입니다.

●●

11 (직사각형 ㄱㄴㄷㄹ의 넓이) $= 9.2 \times 8$ $= 73.6$(cm^2)이므로 (삼각형 ㄱㄴㅁ의 넓이) $= 73.6 \times 0.45 = 33.12$($cm^2$)입니다. 따라서 (선분 ㄱㅁ) $= 33.12 \times 2 \div 8 = 8.28$(cm) 이므로 (선분 ㅁㄹ)$= 9.2 - 8.28 = 0.92$(cm) 입니다.

●●

12 (책 5권의 무게)$= 5.08 - 2.98 = 2.1$(kg)입니다. (책 1권의 무게) $= 2.1 \div 5 = 0.42$(kg)이므로 (책 9권의 무게) $= 0.42 \times 9 = 3.78$(kg)입니다. 따라서 (빈 상자의 무게) $= 5.08 - 3.78 = 1.3$(kg)입니다.

●●●

13 (수직선에서 눈금 1칸의 크기) $= (9.6 - 4.48) \div 8 = 5.12 \div 8 = 0.64$입니다. 따라서 □ 안에 알맞은 수는 $4.48 + 0.64 \times 3$ $= 4.48 + 1.92 = 6.4$입니다.

●●●

14 (시계가 하루 동안 느려지는 시간) $= 7.65 \div 3 = 2.55$(분)이므로 (시계가 10일 동안 느려지는 시간) $= 2.55 \times 10 = 25.5$(분)$=$ 25분 30초입니다.

따라서 10일 후 오전 9시에 이 시계가 가리키는 시각은 오전 9시 − 25분 30초=오전 8시 34분 30초입니다.

●●●

15 (㉠버스가 411km를 가는 데 필요한 연료의 양)
$= 411 \div 15 = 27.4$(L)입니다.
(㉡버스가 27.4L로 갈 수 있는 거리)
$= 18 \times 27.4 = 493.2$(km)이므로
㉡버스는 ㉠버스보다 $493.2 - 411 = 82.2$(km)를 더 갈 수 있습니다.

●●●

16 색칠한 직사각형의 가로를 □cm라 하면 세로는 (□×4)cm이므로 (□+□×4)×2=43, (□+□×4)=21.5, □×5=21.5, □=4.3입니다. 따라서 (정사각형의 한 변의 길이)
$= 4.3 \times 4 = 17.2$(cm)입니다.

●●●

17 3시간 15분 $= 3\frac{15}{60}$시간 $= 3\frac{1}{4}$시간 $= 3.25$시간이므로 (서울역에서 대전역까지의 거리)
= (㉠기차가 3시간 15분 동안 가는 거리)
$= 94 \times 3.25 = 305.5$(km)입니다.
(㉡기차가 3시간 동안 가는 거리)
$= 305.5 - 47.05 = 258.45$(km)이므로
(㉡기차가 1시간 동안 가는 거리)
$= 258.45 \div 3 = 86.15$(km)입니다.

●●●●

18 꽃다발 6개를 포장하려면 5번 쉬어야 하므로 (꽃다발 6개를 포장하는 데 걸린 시간) $= 29.2 - 2 \times 5 = 19.2$(분)이고, (꽃다발 1개를 포장하는 데 걸린 시간) $= 19.2 \div 6 = 3.2$(분)입니다.
1분 30초 $= 1\frac{30}{60}$분 $= 1\frac{1}{2}$분 $= 1.5$분이고, 꽃다발 8개를 포장하려면 7번 쉬어야 하므로 걸리는 시간은 $3.2 \times 8 + 1.5 \times 7 = 36.1$(분)입니다.

●●●●

19 ㉠÷㉡=13, ㉠=13×㉡이므로
㉠−㉡=51.84, 13×㉡−㉡=51.84,
12×㉡=51.84, ㉡=4.32입니다.
따라서 ㉠=13×4.32=56.16입니다.

●●●●

20 (형이 1분 동안 걷는 거리)
$= 310.2 \div 6 = 51.7$(m)이고,
(동생이 1분 동안 걷는 거리)
$= 189.2 \div 4 = 47.3$(m)입니다.
따라서 (두 사람이 1분 동안 걷는 거리의 합)
$= 51.7 + 47.3 = 99$(m)이므로 두 사람은 출발한 지 $1237.5 \div 99 = 12.5$(분)= 12분 30초 후에 만납니다.

4 비와 비율

1	0.4	2	31%	3	$\frac{11}{60}$	4	90%
5	$\frac{9}{70}$	6	28%	7	$\frac{2}{3}$	8	$\frac{1}{30000}$
9	37%	10	18000명	11	㉢도시	12	609g
13	25명	14	51	15	25%	16	231쪽
17	17%	18	6개	19	385원	20	$\frac{7}{10}$

●

01 $\frac{10}{25} = 0.4$입니다.

●

02 $\frac{93}{300} \times 100 = 31$이므로 31%입니다.

●

03 $\frac{(\text{망고맛 사탕 판매량})}{(\text{전체 사탕 판매량})} = \frac{11}{60}$입니다.

●

04 40문제 중에서 4문제를 틀렸으므로 맞힌 문제는 $40 - 4 = 36$(문제)입니다. 따라서 정답률은 $\frac{36}{40} \times 100 = 90$이므로 90%입니다.

05 (걸린 시간) : (간 거리) = 45 : 350입니다. 따라서 비율은 $\frac{45}{350}=\frac{9}{70}$입니다.

06 설탕물 양에 대한 설탕 양의 비율은 $\frac{140}{500}\times100=28$이므로 28%입니다.

07 여학생 수에 대한 남학생 수의 비율이 $1.5=\frac{15}{10}$이므로 비로 나타내면 15 : 10입니다. 따라서 남학생 수에 대한 여학생 수의 비는 10 : 15이므로 비율은 $\frac{10}{15}=\frac{2}{3}$입니다.

08 1.8km = 1800m = 180000cm입니다. 따라서 교회에서 학교까지 실제 거리에 대한 지도에서 거리의 비율은 $\frac{6}{180000}=\frac{1}{30000}$입니다.

09 (현정이의 득표 수) = 400 − (104 + 133 + 15) = 148(표)입니다. 따라서 현정이의 득표율은 $\frac{148}{400}\times100=37$이므로 37%입니다.

10 넓이에 대한 인구의 비율이 24이므로 $\frac{(\text{인구})}{900}=24$, (인구) = 24 × 900 = 21600(명)입니다. 따라서 이 도시의 인구가 지금보다 3600명 줄어들면 모두 21600 − 3600 = 18000(명)이 됩니다.

11 각 도시의 넓이에 대한 인구의 비율을 구하면 ㉠도시는 $\frac{25200}{9}=2800$이고, ㉡도시는 $\frac{38400}{12}=3200$이고, ㉢도시는 $\frac{21000}{6}=3500$입니다.
따라서 인구가 가장 밀집한 곳은 ㉢도시입니다.

12 (5월 몸무게) = 600 − 600 × 0.3 = 600 − 180 = 420(g)이므로 (6월 몸무게) = 420 + 420 × 0.45 = 420 + 189 = 609(g)입니다.

13 주하네 반 학생 수를 □명이라 하면 $\square\times\frac{80}{100}\times\frac{1}{4}=5$, $\square\times\frac{1}{5}=5$, $\square=25$입니다.
따라서 주하네 반 학생은 모두 25명입니다.

14 비율을 기약분수로 나타내면 $\frac{70}{100}=\frac{7}{10}$입니다. $\frac{7}{10}=\frac{14}{20}=\frac{21}{30}$……이므로 이 중 기준량과 비교하는 양의 차가 9인 경우는 $\frac{21}{30}$입니다. 따라서 기준량과 비교하는 양의 합은 30 + 21 = 51입니다.

15 (처음 마름모의 넓이) = 24 × 24 ÷ 2 = 288(cm^2)이고, (새로 만든 마름모의 넓이) = 288 + 72 = 360(cm^2)입니다.
새로 만든 마름모의 한 대각선의 길이를 □cm라 하면 24 × □ ÷ 2 = 360, 24 × □ = 720, □ = 30이므로 원래 대각선과 늘어난 대각선의 길이의 차는 30 − 24 = 6(cm)입니다. 따라서 $\frac{6}{24}\times100=25$이므로 한 대각선의 길이를 25%만큼 늘렸습니다.

16 (어제 읽은 책의 양) = $600\times\frac{30}{100}=180$(쪽)이고, (오늘 읽은 책의 양) = $(600-180)\times\frac{45}{100}=189$(쪽)입니다. 따라서 (더 읽어야 하는 책의 양) = 600 − 180 − 189 = 231(쪽)입니다.

17 이 학교의 전체 학생 수에 대한 비율을 각각 백분율로 나타내면 (안경을 쓴 여학생의 비율)

$= \frac{3}{10} \times 100 = 30(\%)$이고, (안경을 쓴 남학생의 비율) $= 0.35 \times 100 = 35(\%)$이고, (안경을 쓰지 않은 여학생의 비율) $= 18\%$입니다.
따라서 (안경을 쓰지 않은 남학생의 비율)
$= 100 - (30 + 35 + 18) = 17(\%)$입니다.

●●●●

18 2단원의 정답률이 지난 1단원과 같은 97%라면 2단원의 200문제를 풀 때 맞힌 문제는 $200 \times \frac{97}{100} = 194$(개)입니다. 따라서 1단원보다 정답률을 높이려면 2단원의 틀린 문제는 $200 - 194 = 6$(개) 미만이어야 합니다.

●●●●

19 (한 달 동안 8000원을 예금하면 받는 이자)
$= 8280 - 8000 = 280$(원)이므로
(한 달 동안의 이자율) $= \frac{280}{8000} = 0.035$입니다.
따라서 (한 달 동안 11000원을 예금하면 받을 수 있는 이자) $= 11000 \times 0.035 = 385$(원)입니다.

●●●●

20 ㉡에 대한 ㉠의 비율은 40%이므로 $\frac{㉠}{㉡} = \frac{40}{100} = \frac{2}{5}$이고, ㉢에 대한 ㉡의 비율은 1.75이므로 $\frac{㉡}{㉢} = \frac{175}{100} = \frac{7}{4}$입니다. 따라서 ㉢에 대한 ㉠의 비율은 $\frac{㉠}{㉢} = \frac{㉠}{㉡} \times \frac{㉡}{㉢} = \frac{2}{5} \times \frac{7}{4} = \frac{7}{10}$입니다.

5 여러 가지 그래프

1	35%	2	700명	3	200명	4	120g
5	120명	6	6명	7	5cm	8	2100명
9	63명	10	68명	11	35%	12	12명
13	225명	14	1시간 30분	15	90권	16	50%
17	288명	18	360L	19	48명	20	3cm

●

01 작은 눈금 1칸이 5%를 나타내므로 부산의 비율은 20%이고, 경주의 비율은 15%입니다. 따라서 부산 또는 경주를 가고 싶은 학생은 전체의 $20 + 15 = 35(\%)$입니다.

●

02 학생들이 가장 많이 살고 있는 마을은 ㉠마을입니다. 작은 눈금 1칸이 5%를 나타내므로 ㉠ 마을에 살고 있는 학생의 비율은 35%입니다. 따라서 학생들이 가장 많이 살고 있는 마을의 학생 수는 $2000 \times \frac{35}{100} = 700$(명)입니다.

●

03 (50kg 이상 60kg 미만인 학생의 비율)
$= 100 - (10 + 25 + 20 + 5) = 40(\%)$입니다.
따라서 (50kg 이상 60kg 미만인 학생 수)
$= 500 \times \frac{40}{100} = 200$(명)입니다.

●

04 (탄수화물의 양) $= 400 \times \frac{45}{100} = 180$(g)이고,
(당류의 양) $= 400 \times \frac{15}{100} = 60$(g)입니다.
따라서 탄수화물은 당류보다 $180 - 60 = 120$(g) 더 많이 들어 있습니다.

●

05 전체의 30%가 36명이므로 전체의 10%는 $36 \div 3 = 12$(명)입니다. 따라서 조사한 학생은 모두 $12 \times 10 = 120$(명)입니다.

06 (국어를 좋아하는 학생의 비율) $= \frac{3}{20} \times 100 =$ 15(%)입니다. 따라서 (국어를 좋아하는 학생 수) $= 40 \times \frac{15}{100} = 6$(명)입니다.

07 로맨스를 제외한 장르의 비율은 $\frac{18}{30} \times 100 =$ 60(%)이므로 액션의 비율은 $60 - (20 + 15) =$ 25(%)입니다. 따라서 전체 길이가 20cm인 띠그래프로 나타내면 액션이 차지하는 길이는 $20 \times \frac{25}{100} = 5$(cm)입니다.

08 ㉡마을의 인구가 5300명이므로 큰 그림은 1000명을 나타내고, 작은 그림은 100명을 나타냅니다. 따라서 인구가 가장 적은 마을은 ㉢마을이므로 인구수는 $1000 \times 2 + 100 \times 1 = 2100$(명)입니다.

09 치킨을 좋아하는 학생 수는 전체의 20%이고 36명이므로 전체 학생 수는 $36 \times 5 = 180$(명)입니다. 떡볶이를 좋아하는 학생의 비율은 $100 - (20 + 20 + 15 + 10) = 35$(%)이므로 떡볶이를 좋아하는 학생은 $180 \times \frac{35}{100} = 63$(명)입니다.

10 장난감 또는 책을 받고 싶은 학생 수는 전체의 $26 + 23 = 49$(%)이고 98명이므로 전체의 1%는 $98 \div 49 = 2$(명)입니다.
전체 학생 수는 $2 \times 100 = 200$(명)이고, 노트북을 받고 싶은 학생의 비율이 $100 - (26 + 23 + 17) = 34$(%)이므로 노트북을 받고 싶은 학생은 $200 \times \frac{34}{100} = 68$(명)입니다.

11 밭의 비율은 $\frac{90}{360} \times 100 = 25$(%)이므로 논은 전체의 $100 - (25 + 23 + 17) = 35$(%)입니다.

12 (여름을 좋아하는 비율) $= 40 \times \frac{4}{5} = 32$(%)이고, (겨울을 좋아하는 비율) $= 40 \div 2 = 20$(%)이므로 (가을을 좋아하는 비율) $= 100 - (40 + 32 + 20) = 8$(%)입니다. 따라서 가을을 좋아하는 학생은 $150 \times \frac{8}{100} = 12$(명)입니다.

13 동물원에 가고 싶은 학생의 비율을 □%라 하면 영화관에 가고 싶은 학생의 비율은 (□×3)%이므로 □×3+30+□+10=100, □×4+40=100, □×4=60, □=15입니다.
따라서 동물원에 가고 싶은 학생은 $1500 \times \frac{15}{100} = 225$(명)입니다.

14 지하철과 자동차를 타고 간 시간이 같으므로 (자동차가 차지하는 길이)= 3cm이고, (버스가 차지하는 길이) $= 20 - (9 + 3 + 3) = 5$(cm)입니다. 따라서 (버스의 비율) $= \frac{5}{20} \times 100$ $= 25$(%)이므로 (버스를 타고 간 시간) $= 6 \times \frac{25}{100} = \frac{3}{2} = 1\frac{1}{2} = 1\frac{30}{60}$(시간) = 1시간 30분입니다.

15 (㉢출판사의 비율)$= 100 - (52 + 20 + 15) = 13$(%)이므로 (㉢출판사의 책 수) $= 1500 \times \frac{13}{100}$ $= 195$(권)입니다.
(㉠출판사 또는 ㉡출판사의 책 수) $= 1500 \times \frac{52}{100} = 780$(권)이므로
㉡출판사의 책을 □권이라 하면
㉠출판사의 책은 (□ + 210)권이고
(□ + 210)+ □ = 780, □×2 = 570,
□= 285입니다. 따라서 ㉢출판사의 책은 ㉡출판사의 책보다 $285 - 195 = 90$(권) 더 적습니다.

●●●

16 (닭을 제외한 가축의 비율) $= 100 - 44 = 56$ (%)이고, (소의 비율) $= 100 - (44 + 16.8 + 8.2 + 3) = 28$(%)입니다. 따라서 소는 닭을 제외한 가축 전체의 $\frac{28}{56} \times 100 = 50$(%)입니다.

●●●

17 (여학생의 비율) $= 100 - 80 = 20$(%)이고, 남학생은 여학생의 $80 \div 20 = 4$(배)이므로 (남학생 수) $= 180 \times 4 = 720$(명)입니다. 따라서 (축구의 비율) $= 100 - (25 + 20 + 15) = 40$ (%)이므로 축구를 하고 싶은 남학생은 $720 \times \frac{40}{100} = 288$(명)입니다.

●●●●

18 전체 길이가 15cm인 띠그래프에서 3cm가 차지하는 비율은 $\frac{3}{15} \times 100 = 20$(%)입니다. 전체의 20%가 300L이므로 전체 우유 생산량은 $300 \times 5 = 1500$(L)입니다. 원을 25등분한 원그래프에서 눈금 6칸이 차지하는 비율은 $\frac{6}{25} \times 100 = 24$(%)이므로 이 목장의 우유 생산량은 $1500 \times \frac{24}{100} = 360$(L)입니다.

●●●●

19 (여학생 수) $= 400 \times \frac{60}{100} = 240$(명)이므로 (여학생 중 AB형의 비율) $= \frac{36}{240} \times 100 = 15$(%)입니다. 따라서 (여학생 중 B형의 비율) $= 100 - (45 + 20 + 15) = 20$(%)이므로 혈액형이 B형인 여학생은 $240 \times \frac{20}{100} = 48$(명)입니다.

●●●●

20 (버스를 이용한 사람 수) $= 1600 - (400 + 432 + 288) = 480$(명)이므로 (버스의 비율) $= \frac{480}{1600} \times 100 = 30$(%)입니다.
(전체 길이가 20cm인 띠그래프에서 버스가 차지하는 길이) $= 20 \times \frac{30}{100} = 6$(cm)이고, (전체 길이가 30cm인 띠그래프에서 버스가 차지하는 길이) $= 30 \times \frac{30}{100} = 9$(cm)이므로 버스가 차지하는 길이의 차는 $9 - 6 = 3$(cm)입니다.

6 직육면체의 부피와 겉넓이

1	$27cm^3$	2	$288cm^2$	3	$64cm^3$	4	$310cm^2$
5	96cm	6	20	7	$1350cm^2$	8	$180cm^3$
9	13개	10	$512cm^2$	11	192개	12	8배
13	108cm	14	5	15	$1158cm^2$	16	$13.824m^3$
17	$576cm^3$	18	$400cm^3$	19	$262cm^2$	20	52cm

●

01 한 모서리의 길이를 □cm라 하면 □×□ = 9이므로 □ = 3입니다. 따라서 정육면체의 부피는 $3 \times 3 \times 3 = 27$(cm^3)입니다.

●

02 (직육면체의 겉넓이) $= (12 \times 6 + 12 \times 4 + 6 \times 4) \times 2 = (72 + 48 + 24) \times 2 = 144 \times 2 = 288$(cm^2)입니다.

●

03 정육면체의 모서리의 길이는 모두 같으므로 (한 모서리의 길이) $= 16 \div 4 = 4$(cm)입니다. 따라서 정육면체의 부피는 $4 \times 4 \times 4 = 64$(cm^3)입니다.

●

04 직육면체의 높이를 □cm라 하면 10×5×□ = 350, 50×□ = 350, □ = 7입니다. 따라서 직육면체의 겉넓이는 $(10 \times 5 + 10 \times 7 + 5 \times 7) \times 2 = (50 + 70 + 35) \times 2 = 155 \times 2 = 310$(cm^2)입니다.

●

05 한 모서리의 길이를 □cm라 하면 $\square\times\square\times6=384$, $\square\times\square=64$이므로 $\square=8$입니다. 정육면체의 모서리는 12개이고, 그 길이는 모두 같으므로 (모든 모서리의 길이의 합) $=8\times12=96$(cm)입니다.

●

06 (정육면체의 겉넓이) $=10\times10\times6=600$(cm^2)입니다.
직육면체의 겉넓이를 구하면
$(5\times8+5\times\square+8\times\square)\times2=600$,
$(40+5\times\square+8\times\square)=300$,
$5\times\square+8\times\square=260$,
$13\times\square=260$, $\square=20$입니다.

●●

07 가장 큰 정육면체를 만들기 위해서는 정육면체의 한 모서리의 길이를 15cm로 해야 합니다. 따라서 만들 수 있는 가장 큰 정육면체의 겉넓이는 $15\times15\times6=1350$(cm^2)입니다.

●●

08 직육면체의 높이를 □cm라 하면 $3\times\square=30$, $\square=10$입니다. 따라서 직육면체의 부피는 $6\times3\times10=180$(cm^3)입니다.

●●

09 1m 20cm = 1.2m이고, 3m 50cm = 3.5m이므로 (통에 들어 있는 물의 부피) $=3\times1.2\times3.5=12.6$(m^3)입니다. 따라서 물통의 물을 모두 나누어 담으려면 물병은 적어도 13개가 필요합니다.

●●

10 직육면체의 밑면의 한 모서리의 길이를 □cm라 하면 $\square\times\square\times12=768$, $\square\times\square=64$, $\square=8$입니다. 따라서 이 직육면체의 겉넓이는 $8\times8\times2+(8+8+8+8)\times12=128+384=512$(cm^2)입니다.

●●

11 한 모서리의 길이가 60cm인 정육면체 모양의 상자를 직육면체의 가로에는 $240\div60=4$(개), 세로에는 $360\div60=6$(개), 높이에는 $480\div60=8$(개)를 놓아야 합니다. 따라서 정육면체 모양의 상자는 모두 $4\times6\times8=192$(개) 필요합니다.

●●

12 (처음 직육면체의 부피) $=4\times7\times5=140$(cm^3)이고, (각 모서리의 길이를 2배로 늘인 직육면체의 부피)$=(4\times2)\times(7\times2)\times(5\times2)=8\times14\times10=1120$(cm^3)이므로 $1120\div140=8$(배)입니다.

●●●

13 정육면체의 한 모서리의 길이를 □cm라 하면 정육면체에서 보이지 않는 면은 3개이므로 $\square\times\square\times3=243$, $\square\times\square=81$, $\square=9$입니다. 따라서 정육면체의 모든 모서리의 길이의 합은 $9\times12=108$(cm)입니다.

●●●

14 $10\times8\times2+(10+8+10+8)\times\square=340$, $160+36\times\square=340$, $36\times\square=180$, $\square=5$입니다.

●●●

15 (상자를 묶은 끈의 길이) $=180-24=156$(cm)이므로 상자의 높이를 □cm라 하면 $17\times2+14\times4+\square\times6=156$, $34+56+\square\times6=156$, $90+\square\times6=156$, $\square\times6=66$, $\square=11$입니다. 따라서 상자의 겉넓이는 $(17\times14+17\times11+14\times11)\times2=(238+187+154)\times2=579\times2=1158$(cm^2)입니다.

●●●

16 16과 24의 최소공배수는 48이고, 48과 30의 최소공배수는 240입니다. 따라서 만들 수 있는 가장 작은 정육면체의 한 모서리의 길이는 240cm = 2.4m이므로 이 정육면체의 부피는 $2.4\times2.4\times2.4=13.824$(m^3)입니다.

●●●

17 (늘어난 물의 높이)$= 15-11 = 4$(cm)이므로 (늘어난 물의 부피) $= 16 \times 18 \times 4 = 1152$($cm^3$)입니다. 따라서 공 1개의 부피는 $1152 \div 2 = 576$(cm^3)입니다.

●●●●

18 (수조의 비어 있는 부분의 부피) $= 40 \times 30 \times (20-12) = 40 \times 30 \times 8 = 9600$($cm^3$)이고, 0.4L $= 400cm^3$이므로 (쇠구슬 25개의 부피)$=$ $9600 + 400 = 10000$(cm^3)입니다. 따라서 쇠구슬 1개의 부피는 $10000 \div 25 = 400$(cm^3)입니다.

●●●●

19 직육면체의 겉넓이는 위, 앞, 옆에서 본 모양의 넓이의 합의 2배와 같습니다. 따라서 (직육면체의 겉넓이) $= (11 \times 7 + 11 \times 3 + 7 \times 3) \times 2 = (77 + 33 + 21) \times 2 = 131 \times 2 = 262$($cm^2$)입니다.

●●●●

20 만든 상자의 가로를 □cm라 하면
(만든 상자의 세로) $= 36 - 7 \times 2 = 22$(cm)이고,
(만든 상자의 높이) $=$ 7cm이므로
$\square \times 22 \times 7 = 5852$, $\square \times 154 = 5852$, $\square = 38$입니다.
따라서 처음 직사각형 모양 종이의 가로는 $38 + 7 \times 2 = 52$(cm)입니다.

1학기말 평가

1	$\frac{2}{3}$kg	2	15개	3	0.1배	4	24cm
5	12.6L	6	$\frac{17}{21}$	7	24명	8	32cm
9	25kg	10	$336cm^3$	11	15cm	12	84cm
13	9	14	240명	15	360개	16	90명
17	$961cm^3$	18	$308cm^2$	19	2시간 24분	20	7일

●

01 (한 사람이 가질 수 있는 밀가루의 양)
$= 2\frac{2}{3} \div 4 = \frac{8}{3} \div 4 = \frac{8 \div 4}{3} = \frac{2}{3}$(kg)입니다.

●

02 (꼭짓점의 수) $=$ (한 밑면의 변의 수) $\times 2 = 10$이므로 (한 밑면의 변의 수) $=$ 5개입니다. 따라서 이 각기둥은 오각기둥으로 (모서리의 수) $= 5 \times 3 = 15$(개)입니다.

●

03 ㉠ $= 2\frac{2}{7} \times 21 \div 8 = \frac{16}{7} \times 21 \div 8 = 48 \div 8 = 6$
이고, ㉡ $= 12.6 \div 3 \div 7 = 4.2 \div 7 = 0.6$입니다.
따라서 ㉡은 ㉠의 0.1배입니다.

●

04 밑면의 모양이 육각형이므로 육각뿔입니다. 따라서 육각뿔의 밑면의 둘레는 $4 \times 6 = 24$(cm)입니다.

●

05 (1000원으로 살 수 있는 우유의 양) $= 9 \div 5 = 1.8$(L)입니다. 따라서 (7000원으로 살 수 있는 우유의 양) $= 1.8 \times 7 = 12.6$(L)입니다.

●

06 어떤 수를 □라 하면 $\square \times 7 = 39\frac{2}{3}$, $\square =$
$39\frac{2}{3} \div 7 = \frac{119}{3} \div 7 = \frac{119 \div 7}{3} = \frac{17}{3}$입니다.
따라서 바르게 계산하면 $\frac{17}{3} \div 7 = \frac{17}{3} \times \frac{1}{7}$

$= \frac{17}{21}$ 입니다.

●●

07 떡볶이를 좋아하는 학생의 비율은 $100-(30+35+10)=25(\%)$입니다. 떡볶이를 좋아하는 학생은 6명이고, 이는 전체의 25%이므로 이 반 학생은 모두 $6\times4=24$(명)입니다.

●●

08 (두 밑면의 변의 길이의 합) $=94-5\times6=64$(cm)이므로 (한 밑면의 둘레) $=64\div2=32$(cm)입니다.

●●

09 (책 8권의 무게) $=16-2\frac{2}{3}=\frac{48}{3}-\frac{8}{3}=\frac{40}{3}=13\frac{1}{3}$(kg)이므로 (책 1권의 무게) $=13\frac{1}{3}\div8=\frac{40}{3}\div8=\frac{40\div8}{3}=\frac{5}{3}=1\frac{2}{3}$(kg)입니다.

따라서 (책 15권의 무게) $=1\frac{2}{3}\times15=\frac{5}{3}\times15=25$(kg)입니다.

●●

10 직육면체의 세로를 □cm라 하면
$(8\times\square+8\times7+7\times\square)\times2=292$,
$8\times\square+7\times\square+56=146$,
$8\times\square+7\times\square=90$, $15\times\square=90$,
$\square=6$입니다. 따라서 (직육면체의 부피)
$=8\times6\times7=336(cm^3)$입니다.

●●

11 전체가 10칸인 원그래프에서 3칸이 차지하는 항목은 전체의 $\frac{3}{10}\times100=30(\%)$입니다. 전체가 50cm인 띠그래프에서 30%를 차지하는 항목은 $50\times\frac{30}{100}=15$(cm)로 나타납니다.

●●

12 전개도를 접었을 때 만들어지는 삼각기둥의 높이를 □cm라 하면 $8\times2+6\times4+10\times2+\square\times2=84$, $16+24+20+\square\times2=84$, $\square\times2=24$, $\square=12$입니다. 따라서 삼각기둥의 모든 모서리의 길이의 합은 $(10+8+6)\times2+12\times3=48+36=84$(cm)입니다.

●●●

13 $27\div37=0.729729\cdots\cdots$로 소수점 아래에 숫자 7, 2, 9가 반복됩니다. $36\div3=12$이므로 소수 36번째 자리 수는 9입니다.

●●●

14 (파란색을 좋아하는 학생의 비율) $=\frac{108}{360}\times100=30(\%)$입니다. 따라서 (파란색을 좋아하는 학생 수) $=800\times\frac{30}{100}=240$(명)입니다.

●●●

15 한 모서리의 길이가 30cm인 정육면체 모양의 상자를 창고의 가로에는 $240\div30=8$(개), 세로에는 $270\div30=9$(개), 높이에는 $150\div30=5$(개)를 각각 놓을 수 있습니다. 따라서 창고에 쌓을 수 있는 정육면체 모양의 상자는 모두 $8\times9\times5=360$(개)입니다.

●●●

16 농구를 좋아하는 학생의 비율은 $20\div2=10(\%)$입니다. 피구를 좋아하는 학생은 축구를 좋아하는 학생보다 15명 더 많고, 이는 전체의 $25-20=5(\%)$이므로 이 학교 학생은 모두 $15\times20=300$(명)입니다. 따라서 야구를 좋아하는 학생의 비율은 $100-(25+20+10+15)=30(\%)$이므로 야구를 좋아하는 학생은 $300\times\frac{30}{100}=90$(명)입니다.

●●●

17 밑면의 한 변의 길이를 □cm라 하면
$\square\times8+16\times4=126$, $\square\times8+64=126$,
$\square\times8=62$, $\square=62\div8=62\times\frac{1}{8}=\frac{31}{4}$ 입니다.
따라서 각기둥의 부피는
$\frac{31}{4}\times\frac{31}{4}\times16=961(cm^3)$입니다.

●●●●

18 (선분 ㅅㅇ) = (선분 ㄹㅁ) = 4cm이므로 4 × (선분 ㅈㅇ) = 52, (선분 ㅈㅇ) = 13cm입니다. (선분 ㅌㅅ) = (선분 ㅈㅇ) = 13cm이므로 (선분 ㄹㅅ) × 13 = 78, (선분 ㄹㅅ) = 6cm입니다. 따라서 (면 ㄹㅁㅂㅅ의 넓이) $= 6 \times 4 = 24(cm^2)$이므로 (직육면체의 겉넓이) $= (78 + 52 + 24) \times 2 = 308(cm^2)$입니다.

●●●●

19 (영어가 차지하는 길이) $= 30 \times \frac{30}{100} = 9(cm)$이고, (수학이 차지하는 길이) $= 30 - (6 + 9 + 3) = 12(cm)$입니다. 따라서 수학을 공부한 시간은 $6 \times \frac{12}{30} = \frac{12}{5} = 2\frac{2}{5} = 2\frac{24}{60}$(시간)이므로 2시간 24분입니다.

●●●●

20 전체 일의 양을 1이라 하면 (시현이가 하루에 하는 일의 양) $= \frac{1}{4} \div 7 = \frac{1}{4} \times \frac{1}{7} = \frac{1}{28}$이고, (준호가 하루에 하는 일의 양) $= \frac{3}{7} \div 4 = \frac{3}{7} \times \frac{1}{4} = \frac{3}{28}$이므로 (두 사람이 함께 하루에 하는 일의 양) $= \frac{1}{28} + \frac{3}{28} = \frac{4}{28} = \frac{1}{7}$입니다. 따라서 두 사람이 함께 하면 일을 모두 마치는 데 7일이 걸립니다.

1 분수의 나눗셈

1	4	2	$\frac{6}{7}$	3	15개	4	9
5	12500원	6	$1\frac{12}{13}$	7	5개	8	$16\frac{1}{2}$km
9	$5\frac{16}{21}$m²	10	8개	11	$2\frac{9}{32}$배	12	21분
13	$6\frac{2}{21}$m	14	$2\frac{1}{7}$	15	1시간 45분	16	15일
17	$3\frac{3}{5}$cm	18	77점	19	234명	20	120g

01 $\frac{16}{27} \div \frac{4}{27} = 16 \div 4 = 4$입니다.

02 $\frac{4}{10} \div \frac{7}{10} = 4 \div 7 = \frac{4}{7}$이므로 $\square \times \frac{2}{3} = \frac{4}{7}$,

$\square = \frac{4}{7} \div \frac{2}{3}$, $\square = \frac{\cancel{4}^{2}}{7} \times \frac{3}{\cancel{2}_{1}} = \frac{6}{7}$ 입니다.

03 (1시간 동안 포장할 수 있는 꽃다발의 수)

$= 5 \div \frac{1}{3} = 5 \times 3 = 15$(개)입니다.

04 $\frac{36}{7} \div \frac{6}{11} = \frac{\cancel{36}^{6}}{7} \times \frac{11}{\cancel{6}_{1}} = \frac{66}{7} = 9\frac{3}{7}$ 입니다.

따라서 $\square < 9\frac{3}{7}$ 이므로 $\square$ 안에 들어갈 수 있는 자연수 중에서 가장 큰 수는 9입니다.

05 (사탕을 나누어 담은 봉지 수) $= \frac{20}{27} \div \frac{4}{27} =$ 5(봉지)입니다. 따라서 (사탕을 모두 판 금액) $= 2500 \times 5 = 12500$(원)입니다.

06 어떤 수를 $\square$라 하면 $\square \times \frac{2}{5} = \frac{4}{13}$ 이므로

$\square = \frac{4}{13} \div \frac{2}{5} = \frac{\cancel{4}^{2}}{13} \times \frac{5}{\cancel{2}_{1}} = \frac{10}{13}$ 입니다. 따라서

바르게 계산하면 $\frac{10}{13} \div \frac{2}{5} = \frac{\cancel{10}^{5}}{13} \times \frac{5}{\cancel{2}_{1}} = \frac{25}{13} =$

$1\frac{12}{13}$ 입니다.

07 $\frac{8}{9} \div \frac{\square}{18} = \frac{8}{\cancel{9}_{1}} \times \frac{\cancel{18}^{2}}{\square} = \frac{16}{\square}$이므로 $\square$ 안에 들어갈 수 있는 자연수는 16의 약수인 1, 2, 4, 8, 16으로 모두 5개입니다.

08 (자전거를 타고 1분 동안 갈 수 있는 거리) =

$\frac{11}{14} \div \frac{2}{7} = \frac{11}{\cancel{14}_{2}} \times \frac{\cancel{7}^{1}}{2} = \frac{11}{4} = 2\frac{3}{4}$(km)입니다.

따라서 (자전거를 타고 6분 동안 갈 수 있는 거리) $= 2\frac{3}{4} \times 6 = \frac{11}{\cancel{4}_{2}} \times \cancel{6}^{3} = \frac{33}{2} = 16\frac{1}{2}$(km)

입니다.

09 (종이의 넓이) $= 4\frac{2}{7} \times 1\frac{5}{6} = \frac{\cancel{30}^{5}}{7} \times \frac{11}{\cancel{6}_{1}} = \frac{55}{7}$

$= 7\frac{6}{7}$(m²)입니다. 따라서 (1L의 물감으로 칠한 종이의 넓이) $= 7\frac{6}{7} \div 1\frac{4}{11} = \frac{55}{7} \div \frac{15}{11}$

$= \frac{\cancel{55}^{11}}{7} \times \frac{11}{\cancel{15}_{3}} = \frac{121}{21} = 5\frac{16}{21}$(m²)입니다.

10 (가로등 사이의 간격 수) $= 9\frac{5}{8} \div 1\frac{3}{8} = \frac{77}{8} \div \frac{11}{8} = 77 \div 11 = 7$(군데)입니다. 따라서 (도로의 한쪽에 세우는 가로등 수) $= 7 + 1 = 8$(개)입니다.

11 (소연이가 운동을 할 시간) $= 8 - 3\frac{5}{8} - 1\frac{1}{3} = 3\frac{1}{24}$(시간)입니다. 따라서 운동을 할 시간은 게임을 할 시간의 $3\frac{1}{24} \div 1\frac{1}{3} = \frac{73}{24} \div \frac{4}{3} = \frac{73}{\cancel{24}_{8}} \times \frac{\cancel{3}^{1}}{4}$

$= \frac{73}{32} = 2\frac{9}{32}$(배)입니다.

●●
12 (나누어진 나무도막의 수) $= 16\frac{8}{9} \div 2\frac{1}{9} = \frac{152}{9} \div \frac{19}{9} = 152 \div 19 = 8$(개)이므로 (나무도막을 자르는 횟수) $= 8 - 1 = 7$(번)입니다. 따라서 (나무도막을 모두 자르는 데 걸리는 시간) $= 3 \times 7 = 21$(분)입니다.

●●●
13 처음 공을 떨어뜨린 높이를 □m라 하면 (첫 번째로 튀어 오른 높이) $= (\square \times \frac{3}{4})$m이고, (두 번째로 튀어 오른 높이) $= (\square \times \frac{3}{4} \times \frac{3}{4})$m입니다. 따라서 $\square \times \frac{3}{4} \times \frac{3}{4} = 3\frac{3}{7}$, $\square \times \frac{9}{16} = 3\frac{3}{7}$, $\square = 3\frac{3}{7} \div \frac{9}{16}$, $\square = \frac{\cancel{24}^{8}}{7} \times \frac{16}{\cancel{9}_{3}} = \frac{128}{21} = 6\frac{2}{21}$ 입니다.

●●●
14 구하려는 분수를 $\frac{ㄴ}{ㄱ}$이라 하면 $\frac{ㄴ}{ㄱ} \div \frac{5}{14} = \frac{ㄴ}{ㄱ} \times \frac{14}{5}$와 $\frac{ㄴ}{ㄱ} \div \frac{3}{7} = \frac{ㄴ}{ㄱ} \times \frac{7}{3}$이므로 ㉠은 14와 7의 최대공약수인 7이고, ㉡은 3과 5의 최소공배수인 15여야 합니다. 따라서 구하려는 분수는 $\frac{15}{7} = 2\frac{1}{7}$ 입니다.

●●●
15 ($\frac{5}{6}$시간 동안 칠한 벽의 넓이) $= 13\frac{2}{7} - 9 = 4\frac{2}{7}$(m²)이고, (1시간 동안 칠하는 벽의 넓이) $= 4\frac{2}{7} \div \frac{5}{6} = \frac{30}{7} \div \frac{5}{6} = \frac{\cancel{30}^{6}}{7} \times \frac{6}{\cancel{5}_{1}} = \frac{36}{7} = 5\frac{1}{7}$(m²)입니다. 따라서 (남은 벽을 모두 칠하는 데 걸리는 시간) $= 9 \div 5\frac{1}{7} = 9 \div \frac{36}{7} = \cancel{9}^{1} \times \frac{7}{\cancel{36}_{4}} = \frac{7}{4} = 1\frac{3}{4} = 1\frac{45}{60}$(시간)이므로 1시간 45분입니다.

●●●
16 형은 하루에 전체의 $\frac{1}{4} \div 5 = \frac{1}{4} \times \frac{1}{5} = \frac{1}{20}$만큼 일을 하고, 동생은 하루에 전체의 $\frac{1}{5} \div 12 = \frac{1}{5} \times \frac{1}{12} = \frac{1}{60}$만큼 일을 하므로 두 사람이 함께 하루에 하는 일의 양은 전체의 $\frac{1}{20} + \frac{1}{60} = \frac{1}{15}$ 입니다. 따라서 두 사람이 함께 이 일을 끝내는 데는 $1 \div \frac{1}{15} = 1 \times 15 = 15$(일)이 걸립니다.

●●●
17 (용수철의 길이가 1cm 늘어날 때 매단 물건의 무게) $= 3\frac{1}{3} \div \frac{2}{5} = \frac{10}{3} \div \frac{2}{5} = \frac{\cancel{10}^{5}}{3} \times \frac{5}{\cancel{2}_{1}} = \frac{25}{3} = 8\frac{1}{3}$(g)입니다. 따라서 (늘어난 용수철의 길이) $= 30 \div 8\frac{1}{3} = 30 \div \frac{25}{3} = \cancel{30}^{6} \times \frac{3}{\cancel{25}_{5}} = \frac{18}{5} = 3\frac{3}{5}$(cm)입니다.

●●●●
18 수학 점수를 □점이라 하면 (영어 점수) $= \square \times \frac{9}{11}$(점)이고, (국어 점수) $= \left(\square \times \frac{9}{11}\right) \times 1\frac{2}{3} = \square \times 1\frac{4}{11}$(점)입니다.

$\left(\square \times 1\frac{4}{11} + \square + \square \times \frac{9}{11} + 95\right) \div 4 = 85$,

$\square \times 1\frac{4}{11} + \square + \square \times \frac{9}{11} + 95 = 340$,

$\square \times 1\frac{4}{11} + \square + \square \times \frac{9}{11} = 245$,

$\square \times 3\frac{2}{11} = 245$, $\square = 245 \div 3\frac{2}{11} = 245 \div \frac{35}{11} = \cancel{245}^{7} \times \frac{11}{\cancel{35}_{1}} = 77$ 입니다.

●●●●

19 남자 어른과 여자 어른은 전체의 $\frac{3}{8}+\frac{1}{8}=\frac{1}{2}$ 입니다. 남자아이는 전체의 $\left(1-\frac{1}{2}\right)\times\frac{5}{9}=\frac{1}{2}\times\frac{5}{9}=\frac{5}{18}$ 이므로 여자아이는 전체의 $1-\left(\frac{1}{2}+\frac{5}{18}\right)=1-\frac{14}{18}=\frac{4}{18}=\frac{2}{9}$ 입니다. 따라서 52명인 여자아이가 전체의 $\frac{2}{9}$ 이므로 전체 관람객은 모두 $52\div\frac{2}{9}=\cancel{52}^{26}\times\frac{9}{\cancel{2}_1}=234$(명)입니다.

●●●●

20 (다시 넣은 우유의 양) $=680-560=120$(g)이고, 이는 전체의 $\left(1-\frac{1}{3}\right)\times\frac{3}{11}=\frac{2}{\cancel{3}_1}\times\frac{\cancel{3}^1}{11}=\frac{2}{11}$ 입니다. 병에 가득 담은 우유의 양을 □g이라 하면 $□\times\frac{2}{11}=120$, $□=120\div\frac{2}{11}=\cancel{120}^{60}\times\frac{11}{\cancel{2}_1}=660$ 입니다. (병 전체의 $\frac{1}{3}$ 만큼을 마시고 남아 있는 우유의 양) $=660\times\left(1-\frac{1}{3}\right)=\cancel{660}^{220}\times\frac{2}{\cancel{3}_1}=440$(g)이므로 (빈 병의 무게) $=560-440=120$(g)입니다.

2 소수의 나눗셈

1	1.3	2	16봉지	3	18km	4	5.8
5	0.8kg	6	1.5	7	9.5	8	0.7kg
9	6.4cm	10	130분	11	12.5L	12	45600원
13	0.38분	14	0.9배	15	180쪽	16	5
17	13℃	18	1.75배	19	10분 30초	20	1.52

●

01 $2.7\times□=3.51$, $□=3.51\div2.7=1.3$ 입니다.

●

02 (전체 밀가루의 양) $=2.4\times4=9.6$(kg)입니다. 따라서 (밀가루를 담을 수 있는 봉지 수) $=9.6\div0.6=16$(봉지)입니다.

●

03 1시간 36분 $=1\frac{36}{60}$ 시간 $=1.6$시간이므로 (1시간 동안 달린 거리) $=14.4\div1.6=9$(km)입니다. 따라서 (2시간 동안 달린 거리) $=9\times2=18$(km)입니다.

●

04 몫이 가장 크려면 가장 큰 수를 가장 작은 수로 나누어야 하므로 $8.7\div1.5=5.8$ 입니다.

●

05 (주스 1.5L의 무게) $=1.8-0.6=1.2$(kg)입니다. 따라서 (주스 1L의 무게) $=1.2\div1.5=0.8$(kg)입니다.

●

06 어떤 수를 □라 하면 $□\times2.4=8.64$, $□=8.64\div2.4=3.6$ 입니다. 따라서 바르게 계산하면 $3.6\div2.4=1.5$ 입니다.

●●

07 $5●3.87=5\times1.6+3.87\div2.58=8+1.5=9.5$ 입니다.

●●

08 (물 1.44L의 무게) $= 3.17 - 2.45 = 0.72$(kg)이므로 (물 1L의 무게) $= 0.72 \div 1.44 = 0.5$(kg)입니다. 따라서 (빈 병의 무게) $= 3.17 - (4.94 \times 0.5) = 3.17 - 2.47 = 0.7$(kg)입니다.

●●

09 삼각형의 높이를 □cm라 하면 $9.8 \times \square \div 2 = 31.36$이므로 $9.8 \times \square = 62.72$, $\square = 62.72 \div 9.8 = 6.4$입니다.

●●

10 (1분 동안 타는 양초의 길이) $= 0.35 \div 5 = 0.07$(cm)입니다. (줄어든 양초의 길이) $= 14 - 4.9 = 9.1$(cm)이므로
(남은 양초가 4.9cm가 되는 데 걸리는 시간) $= 9.1 \div 0.07 = 130$(분)입니다.

●●

11 (휘발유 1L로 갈 수 있는 거리) $= 36.72 \div 1.8 = 20.4$(km)입니다. 따라서 (255km를 가는 데 필요한 휘발유의 양) $= 255 \div 20.4 = 12.5$(L)입니다.

●●

12 (페인트 1통으로 칠할 수 있는 벽의 넓이) $= 3.4 \times 2 = 6.8$(m^2)이고, $40 \div 6.8 = 5 \cdots 6$이므로 페인트는 적어도 6통이 필요합니다. 따라서 (필요한 페인트의 값) $= 7600 \times 6 = 45600$(원)입니다.

●●●

13 $5 \div 13 = 0.384 \cdots\cdots$이므로 리본 5개를 묶는 데 걸리는 시간을 반올림하여 소수 둘째 자리까지 나타내면 0.38분입니다.

●●●

14 (처음 직사각형의 둘레) $= 4.2 \times 2 + 5.6 \times 2 = 19.6$(cm)이고, (새로 만든 직사각형의 둘레) $= (4.2 + 0.84) \times 2 + (5.6 - 1.82) \times 2 = 5.04 \times 2 + 3.78 \times 2 = 10.08 + 7.56 = 17.64$(cm)입니다.
따라서 새로 만든 직사각형의 둘레는 처음 직사각형의 둘레의 $17.64 \div 19.6 = 0.9$(배)입니다.

●●●

15 소설책 전체의 양을 1이라 하면 (오늘 읽은 양) $= (1 - 0.6) \times 0.4 = 0.16$이므로 (오늘까지 읽고 남은 양) $= 1 - (0.6 + 0.16) = 0.24$입니다.
(소설책 전체 쪽 수) $\times 0.24 = 72$이므로 (소설책 전체 쪽 수) $= 72 \div 0.24 = 300$(쪽)입니다.
따라서 (어제까지 읽은 소설책 쪽 수) $= 300 \times 0.6 = 180$(쪽)입니다.

●●●

16 $21 \div 37 = 0.567567 \cdots\cdots$이므로 소수점 아래 숫자에서 5, 6, 7이 계속 반복됩니다.
$13 \div 3 = 4 \cdots 1$이므로 숫자 5, 6, 7이 4번 반복되고 소수 13번째 자리에 5가 나옵니다.

●●●

17. 기온을 □℃라 하면 (소리가 1초 동안 이동한 거리) $= 331.5 + 0.6 \times \square$이므로 $331.5 + 0.6 \times \square = 339.3$, $0.6 \times \square = 7.8$, $\square = 7.8 \div 0.6 = 13$입니다.

●●●●

18 7월에 잰 몸무게를 □kg이라 하면 $\square \times 1.3 = 54.6$, $\square = 54.6 \div 1.3 = 42$입니다.
(7월부터 10월까지 늘어난 몸무게) $= 54.6 - 42 = 12.6$(kg)이고,
(1월부터 4월까지 늘어난 몸무게) $= 43.5 - 36.3 = 7.2$(kg)이므로
$12.6 \div 7.2 = 1.75$(배)입니다.

●●●●

19 3분 45초 = 3.75분이므로 (1분 동안 새어 나가는 물의 양) $= 72 \div 3.75 = 19.2$(L)입니다. 2분 30초 = 2.5분이므로 (1분 동안 나오는 물의 양) $= 58.75 \div 2.5 = 23.5$(L)입니다.
따라서 (45.15L의 물을 받는 데 걸리는 시간) $= 45.15 \div (23.5 - 19.2) = 45.15 \div 4.3 = 10.5$(분) = 10분 30초입니다.

●●●●

20 ㉠ − ㉡=3.25이므로 ㉠=㉡+3.25입니다.
㉠ + ㉡ = 15.75, (㉡ + 3.25) + ㉡ = 15.75,
㉡ × 2 + 3.25 = 15.75, ㉡ × 2 = 12.5,
㉡ = 12.5 ÷ 2 = 6.25입니다.
따라서 ㉠ = 6.25 + 3.25 = 9.5이므로
㉠ ÷ ㉡ = 9.5 ÷ 6.25 = 1.52입니다.

3 공간과 입체

1	8개	2	12개	3	2개	4	3개
5	10개	6	4개	7	14개	8	7가지
9	10개	10	7개	11	3개	12	19개
13	38cm^2	14	2개	15	6개	16	24개
17	3가지	18	160cm^2	19	7가지	20	30개

●

01 쌓기나무가 1층에 4개, 2층에 3개, 3층에 1개이므로 주어진 모양과 똑같이 쌓는 데 필요한 쌓기나무는 4 + 3 + 1 = 8(개)입니다.

●

02 쌓기나무가 1층에 6개, 2층에 4개, 3층에 2개이므로 똑같은 모양으로 쌓는 데 필요한 쌓기나무는 6 + 4 + 2 = 12(개)입니다.

●

03 앞에서 본 모양을 보면 ㉠의 왼쪽에 쌓인 쌓기나무는 1개이고, 옆에서 본 모양을 보면 가운데에 있는 줄이 2층이므로 ㉠에 쌓인 쌓기나무는 2개입니다.

●

04 2 이상인 수가 쓰인 칸은 2, 3, 4가 쓰인 칸으로 모두 3칸입니다. 따라서 2층에 쌓은 쌓기나무는 3개입니다.

●

05 앞과 옆에서 본 모양을 보고 위에서 본 모양의 각 자리에 쌓인 쌓기나무의 개수를 쓰면 다음과 같습니다. 따라서 똑같은 모양으로 쌓는 데 필요한 쌓기나무는 1 + 1 + 3 + 1 + 1 + 2 + 1 = 10(개)입니다.

위

		1
1	3	1
1	2	1

●

06 앞과 옆에서 본 모양을 보고 위에서 본 모양의 각 자리에 쌓인 쌓기나무의 개수를 쓰면 다음과 같습니다. 2층에 쌓은 쌓기나무는 3개, 3층에 쌓은 쌓기나무는 1개입니다. 따라서 2층 이상에 쌓은 쌓기나무는 3 + 1 = 4(개)입니다.

위

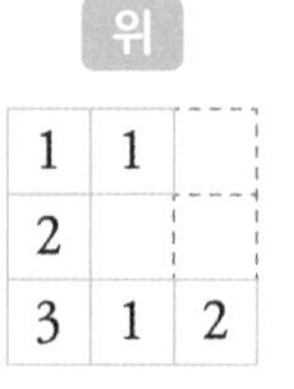

●●

07 앞과 옆에서 본 모양을 보고 위에서 본 모양의 각 자리에 쌓인 쌓기나무가 가장 많은 경우의 쌓기나무의 개수를 쓰면 다음과 같습니다. 따라서 쌓기나무가 가장 많은 경우의 쌓기나무는 1 + 3 + 3 + 3 + 3 + 1 = 14(개)입니다.

위

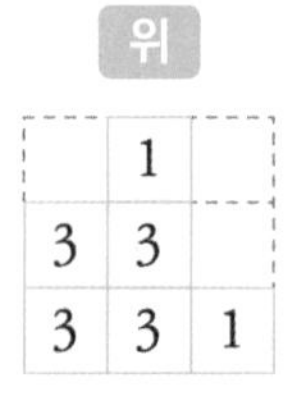

●●

08 모양에 쌓기나무를 1개 더 붙여서 만들 수 있는 서로 다른 모양은 , , , , , , 으로 모두 7

가지입니다.

●●

09 앞과 옆에서 본 모양을 보고 위에서 본 모양의 각 자리에 확실히 알 수 있는 쌓기나무의 개수를 쓰면 다음과 같습니다. 따라서 쌓기나무가 가장 적은 경우는 ㉠ = 1일 때이므로 $2+3+1+1+2+1=10$(개)
입니다.

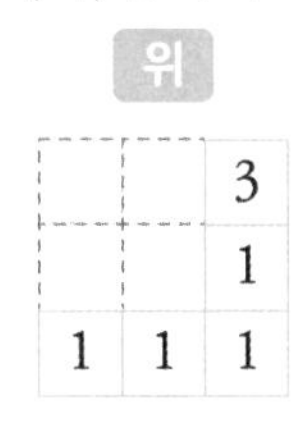

●●

10 앞과 옆에서 본 모양을 보고 위에서 본 모양의 각 자리에 쌓인 쌓기나무의 개수를 쓰면 다음과 같습니다. 따라서 필요한 쌓기나무는 $3+1+1+1+1=7$(개)입니다.

위		
		3
		1
1	1	1

●●

11 앞과 옆에서 본 모양을 보고 위에서 본 모양의 각 자리에 쌓인 쌓기나무의 개수를 쓰면 다음과 같습니다. 따라서 옆에서 본 모양이 변하지 않으려면 ㉠에 2개, ㉡에 1개 더 쌓을 수 있으므로 모두 3개까지 더 쌓을 수 있습니다.

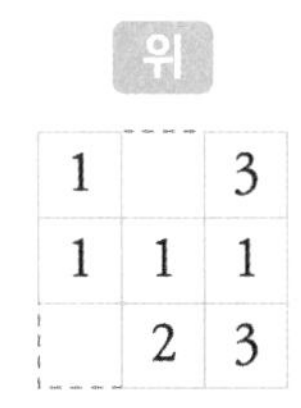

●●

12 위에서 본 모양에 쌓인 쌓기나무의 개수를 쓰면 다음과 같으므로 (쌓여 있는 쌓기나무의 개수) $=1+3+2+1+1=8$(개)입니다. 가로, 세로, 높이에서 가장 많이 쌓인 쌓기나무가 3개이므로 한 모서리에 쌓기나무를 3개씩 쌓아 정육면체를 만듭니다. 따라서 (가장 작은 정육면체를 만드는 데 필요한 쌓기나무의 개수) $=3\times3\times3=27$(개)이므로 (더 필요한 쌓기나무의 개수) $=27-8=19$(개)입니다.

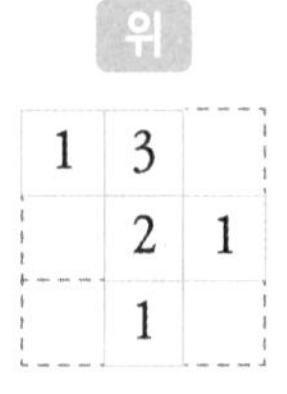

●●●

13 (위와 아래에 있는 면의 수) $=7\times2=14$(개)이고, (앞과 뒤에 있는 면의 수) $=6\times2=12$(개)이고, (오른쪽과 왼쪽 옆에 있는 면의 수) $=6\times2=12$(개)입니다. 따라서 쌓기나무 1개의 한 면의 넓이는 $1cm^2$이므로 (쌓은 모양의 겉넓이) $=(14+12+12)\times1=38(cm^2)$입니다.

●●●

14 위에서 본 모양에 확실히 알 수 있는 쌓기나무의 개수를 쓰면 다음과 같습니다. 쌓기나무가 가장 많은 경우는 ㉠과 ㉡ = 2일 때이므로 $2+3+1+2+3+2=13$(개)이고, 쌓기나무가 가장 적은 경우는 ㉠과 ㉡ = 1일 때이므로 $2+3+1+1+3+1=11$(개)입니다. 따라서 쌓기나무가 가장 많을 때와 가장 적을 때 쌓기나무의 개수의 차는 $13-11=2$(개)입니다.

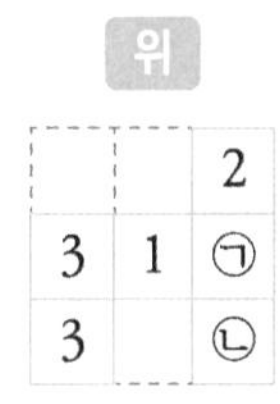

●●●

15 쌓기나무 12개로 쌓은 것이므로 위에서 본 모양에 쌓인 쌓기나무의 개수를 쓰면 다음과 같습니다. 따라서 앞에서 보았을 때 보이지 않는 쌓기나무는 색칠한 자리에 있는 쌓기나무이므로 모두 $2+2+2=6$(개)입니다.

위

2	2	1
2	3	
2		

●●●

16 두 면에 페인트가 칠해진 쌓기나무는 큰 정육면체의 각 모서리의 가운데에 2개씩 있으므로 모두 $2\times12=24$(개)입니다.

●●●

17 3층으로 쌓았으므로 위에서 본 모양의 한 자리에 3개를 쌓고, 남은 쌓기나무 $7-3=4$(개)를 남은 자리에 각각 2개, 1개, 1개를 쌓으면 됩니다. 따라서 만들 수 있는 모양은

위

3	2
1	1

,

위

2	3
1	1

,

위

1	2
3	1

으로 모두 3가지입니다.

●●●●

18 위에서 본 모양에 쌓인 쌓기나무의 개수를 쓰면 다음과 같습니다. (위와 아래에 있는 면의 수) $=6\times2=12$(개)이고, (앞과 뒤에 있는 면의 수) $=7\times2=14$(개)이고, (오른쪽과 왼쪽 옆에 있는 면의 수)$=7\times2=14$(개)입니다. 따라서 쌓기나무 1개의 한 면의 넓이는 $2\times2=4(\text{cm}^2)$이므로 (쌓은 모양의 겉넓이) $=(12+14+14)\times4=160(\text{cm}^2)$입니다.

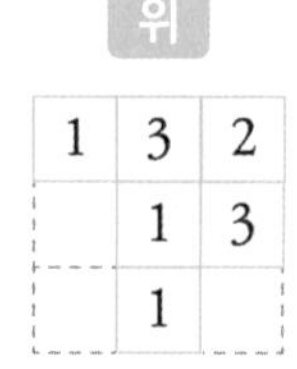

●●●●

19 위에서 본 모양의 각 자리에 확실히 알 수 있는 쌓기나무의 개수를 쓰면 다음과 같습니다. ㉠, ㉡, ㉢에 쌓을 수 있는 쌓기나무는 2개 이하이고, 적어도 한 곳에는 쌓기나무를 2개 쌓아야 합니다. 따라서 모두 7가지를 만들 수 있습니다.

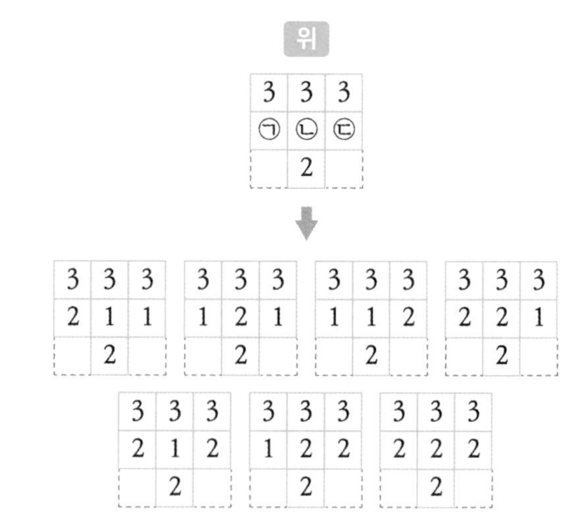

●●●●

20 각 층별로 빼낸 쌓기나무는 색칠한 자리에 있는 쌓기나무로 다음과 같습니다. 따라서 빼낸 쌓기나무는 $9+10+8+3=30$(개)입니다.

1층 2층 3층 4층

4 비례식과 비례배분

1	64	2	5	3	32cm	4	3600원
5	35:18	6	5:8	7	292	8	57개
9	112개	10	63:39	11	$\frac{8}{15}$	12	5250원
13	360cm^2	14	44만 원	15	35:36	16	21cm^2
17	120명	18	11cm	19	8400원	20	160cm^2

●

01 $7\times\square=8\times56$, $7\times\square=448$, $\square=64$입니다.

●

02 $4.5:6.3 \Rightarrow (4.5\times10):(6.3\times10) \Rightarrow 45:63 \Rightarrow (45\div9):(63\div9) \Rightarrow 5:7$입니다. 따라서 후항이 7일 때 전항은 5입니다.

●

03 직사각형의 가로가 12cm일 때 세로를 □cm라 하면 $3:8=12:\square$이므로 $3\times\square=8\times12$, $3\times\square=96$, $\square=32$입니다.

●

04 (형이 갖는 돈) $=20400\times\frac{10}{10+7}$ $=20400\times\frac{10}{17}=12000$(원)이고, (동생이 갖는 돈) $=20400\times\frac{7}{10+7}$ $=20400\times\frac{7}{17}=8400$(원)입니다.
따라서 형은 동생보다 $12000-8400=3600$(원)을 더 많이 갖습니다.

●

05 ㉠$\times\frac{3}{7}=$㉡$\times\frac{5}{6}$를 비례식으로 나타내면 ㉠ : ㉡ $=\frac{5}{6}:\frac{3}{7}$입니다. 따라서 ㉠ : ㉡을 간단한 자연수의 비로 나타내면
$\frac{5}{6}:\frac{3}{7}$ ⇨ $\left(\frac{5}{6}\times42\right):\left(\frac{3}{7}\times42\right)$ ⇨ $35:18$입니다.

●

06 (어른 수)$=273-105=168$(명)입니다. 따라서 (어린이 수) : (어른 수)를 간단한 자연수의 비로 나타내면 $105:168$ ⇨ $(105\div21):(168\div21)$ ⇨ $5:8$입니다.

●●

07 $9\times$㉠$=198$, ㉠$=22$이고 $\frac{11}{15}\times$㉡$=198$, ㉡$=270$입니다.
따라서 ㉠+㉡$=22+270=292$입니다.

●●

08 주머니에 들어 있던 구슬을 □개라 하면 (주혜가 가진 구슬 수) $=\square\times\frac{12}{7+12}=36$입니다. 따라서 $\square\times\frac{12}{19}=36$, $\square=57$입니다.

●●

09 $\frac{2}{3}:\frac{5}{6}$를 간단한 자연수의 비로 나타내면
$\frac{2}{3}:\frac{5}{6}$ ⇨ $\left(\frac{2}{3}\times6\right):\left(\frac{5}{6}\times6\right)$ ⇨ $4:5$입니다.
따라서 가희가 갖는 사탕은 $252\times\frac{4}{4+5}$ $=252\times\frac{4}{9}=112$(개)입니다.

●●

10 21 : 13과 비율이 같은 비를 구해 보면 42 : 26, 63 : 39, 84 : 52, ……입니다.
따라서 $63+39=102$이므로 전항과 후항의 합이 102인 비는 63 : 39입니다.

●●

11 ㉠$\times0.75=$㉡$\times0.4$이므로 ㉠ : ㉡ $=0.4:0.75$
⇨ $(0.4\times100):(0.75\times100)$ ⇨ $40:75$
⇨ $(40\div5):(75\div5)$ ⇨ $8:15$입니다. 따라서
㉡에 대한 ㉠의 비율은 ㉠ : ㉡ ⇨ $\frac{㉠}{㉡}=\frac{8}{15}$ 입니다.

●●

12 동생에게 주고 남은 용돈은 전체의 $1-0.3=0.7$이므로 $27000\times0.7=18900$(원)입니다.
따라서 (오늘 쓸 수 있는 용돈)
$=18900\times\frac{5}{5+13}=18900\times\frac{5}{18}=5250$(원)입니다.

●●●

13 삼각형의 밑변의 길이는 24cm이고,
사다리꼴의 (윗변의 길이 + 아랫변의 길이)
$=13+17=30$(cm)이므로
(삼각형의 넓이) : (사다리꼴의 넓이)
$=24:30$ ⇨ $(24\div6):(30\div6)$
⇨ $4:5$입니다. 따라서 (삼각형의 넓이)
$=810\times\frac{4}{4+5}=810\times\frac{4}{9}=360(cm^2)$입니다.

●●●

14 할아버지와 할머니가 투자한 금액의 비는
32만 : 56만 ⇨ (32만 ÷ 8만) : (56만 ÷ 8만)
⇨ $4:7$입니다. 전체 이익금을 □원이라 하면
$\square\times\frac{7}{4+7}=77$, $\square\times\frac{7}{11}=77$, $\square=121$

입니다. 따라서 할아버지가 받은 이익금은

$121 \times \frac{4}{4+7} = 121 \times \frac{4}{11} = 44$(만 원)입니다.

●●●

15 (삼각형의 넓이)$\times \frac{3}{7}$=(직사각형의 넓이)$\times \frac{5}{12}$

이므로 (삼각형의 넓이) : (직사각형의 넓이) =

$\frac{5}{12} : \frac{3}{7}$입니다. 따라서 삼각형과 직사각형의 넓이의 비를 간단한 자연수의 비로 나타내면

$\frac{5}{12} : \frac{3}{7} \Rightarrow \left(\frac{5}{12} \times 84\right) : \left(\frac{3}{7} \times 84\right)$

$\Rightarrow$ 35 : 36입니다.

●●●

16 삼각형 ㄱㄴㄷ의 높이와 삼각형 ㄱㄹㄷ의 높이가 같으므로 (삼각형 ㄱㄴㄷ의 넓이) : (삼각형 ㄱㄹㄷ의 넓이) = 10 : 7입니다.

삼각형 ㄱㄴㄷ의 넓이를 □cm^2라 하면

10 : 7 = □ : 49이므로 $10 \times 49 = 7 \times$□,

$7 \times$□ = 490, □ = 70입니다. 따라서 (삼각형 ㄱㄴㄹ의 넓이)=(삼각형 ㄱㄴㄷ의 넓이)−(삼각형 ㄱㄹㄷ의 넓이)= 70 − 49 = 21(cm^2)입니다.

●●●

17 (다음 달 남학생 수)= $325 \times \frac{6}{6+7}$

$= 325 \times \frac{6}{13} = 150$(명)이고,

(다음 달 여학생 수) = $325 \times \frac{7}{6+7}$

$= 325 \times \frac{7}{13} = 175$(명)입니다.

현재 살고 있는 여학생 수를 □명이라 하면

5 : 4 = 150 : □이므로 $5 \times$□$= 4 \times 150$,

$5 \times$□ = 600, □ = 120입니다.

●●●●

18 선분 ㄱㄴ의 길이를 □cm라 하면

(선분 ㄱㄷ의 길이)=□$\times \frac{5}{5+6}$=□$\times \frac{5}{11}$이고,

(선분 ㄱㄹ의 길이) =□$\times \frac{7}{7+4}$=□$\times \frac{7}{11}$이므로

(선분 ㄷㄹ의 길이) =□$\times \frac{7}{11}$−□$\times \frac{5}{11}$

=□$\times \frac{2}{11}$입니다. 따라서 선분 ㄷㄹ의 길이는

2cm이므로 □$\times \frac{2}{11} = 2$, □$= 2 \div \frac{2}{11}$

$= 2 \times \frac{11}{2} = 11$입니다.

●●●●

19 (준이가 가진 돈)$\times \frac{2}{3}$= (유진이가 가진 돈)$\times \frac{7}{9}$

이므로 (준이가 가진 돈) : (유진이가 가진 돈)

$= \frac{7}{9} : \frac{2}{3} \Rightarrow \left(\frac{7}{9} \times 9\right) : \left(\frac{2}{3} \times 9\right) \Rightarrow$ 7 : 6입니다.

따라서 (준이가 가진 돈) = $11700 \times \frac{7}{7+6}$

= 6300(원)이므로 (장난감의 가격)

$= \left(6300 \times \frac{2}{3}\right) \times 2 = 4200 \times 2 = 8400$(원)입니다.

●●●●

20 (선분 ㄴㅁ의 길이) : (선분 ㅁㄷ의 길이) = 5 : 3이므로 (삼각형 ㄱㄴㅁ의 넓이) : (삼각형 ㄱㅁㄷ의 넓이)= 5 : 3입니다.

(삼각형 ㄱㄴㅁ의 넓이) = $480 \times \frac{5}{5+3}$

$= 480 \times \frac{5}{8} = 300$($cm^2$)입니다.

(선분 ㄴㄹ의 길이) : (선분 ㄹㅁ의 길이) = 7 : 8이므로 (삼각형 ㄱㄴㄹ의 넓이) : (삼각형 ㄱㄹㅁ의 넓이) = 7 : 8입니다.

따라서 (삼각형 ㄱㄹㅁ의 넓이)

$= 300 \times \frac{8}{7+8} = 300 \times \frac{8}{15} = 160$($cm^2$)입니다.

5 원의 둘레와 넓이

1	251.1cm²	2	465m	3	314cm²	4	184cm
5	65.6cm	6	432cm²	7	40개	8	4배
9	50.24cm²	10	28.4cm	11	192cm²	12	73.68cm
13	285.6cm	14	48cm	15	3216m²	16	12.5cm²
17	58cm	18	180cm	19	3cm	20	15.7cm

●

01 (반지름) $= 55.8 \div 3.1 \div 2 = 9$(cm)입니다. 따라서 (원의 넓이) $= 9 \times 9 \times 3.1 = 251.1$(cm^2) 입니다.

●

02 (운동장의 원주) $= 30 \times 3.1 = 93$(m)입니다. 따라서 (민주가 뛴 거리) $= 93 \times 5 = 465$(m)입니다.

●

03 (원의 반지름) = (정사각형의 한 변의 길이) $\div 2 = (80 \div 4) \div 2 = 10$(cm)입니다. 따라서 (원의 넓이) $= 10 \times 10 \times 3.14 = 314$(cm^2)입니다.

●

04 (색칠한 부분의 둘레) = (직선 부분의 길이의 합) + (지름이 40cm인 원의 원주) $= 30 \times 2 + 40 \times 3.1 = 60 + 124 = 184$(cm)입니다.

●

05 (색칠한 부분의 둘레) = (큰 원의 원주) $\times \frac{1}{2}$ + (작은 원의 원주) $\times \frac{1}{2}$ + (직선 부분의 길이의 합) $= 12 \times 2 \times 3.1 \times \frac{1}{2} + 4 \times 2 \times 3.1 \times \frac{1}{2} + (12 - 4) \times 2 = 37.2 + 12.4 + 16 = 65.6$(cm)입니다.

●

06 만들 수 있는 가장 큰 원의 지름은 24cm입니다. 따라서 (만들 수 있는 가장 큰 원의 넓이) $= 12 \times 12 \times 3 = 432$(cm^2)입니다.

●●

07 (공원의 원주) $= 40 \times 3 = 120$(m)입니다. 따라서 (화분의 수) $= 120 \div 3 = 40$(개)입니다.

●●

08 처음 원의 반지름이 $8 \div 2 = 4$(cm)이므로 (반지름이 4cm인 원의 넓이) $= 4 \times 4 \times 3.1 = 49.6$(cm^2)이고, (반지름이 8cm인 원의 넓이) $= 8 \times 8 \times 3.1 = 198.4$(cm^2)입니다.
따라서 반지름을 2배로 늘리면 원의 넓이는 $198.4 \div 49.6 = 4$(배)로 넓어집니다.

●●

09 (큰 원의 지름)$= 50.24 \div 3.14 = 16$(cm)이므로 (작은 원의 지름)$= 16 \div 2 = 8$(cm)입니다. 따라서 (작은 원 1개의 넓이)$= 4 \times 4 \times 3.14 = 50.24$(cm^2)입니다.

●●

10 (색칠한 부분의 둘레) = (반지름이 8cm인 원의 원주) $\times \frac{1}{4}$ + (직선 부분의 길이의 합) = $8 \times 2 \times 3.1 \times \frac{1}{4} + 8 \times 2 = 12.4 + 16 = 28.4$(cm) 입니다.

●●

11 (색칠한 부분의 넓이) = (지름이 24cm인 원의 넓이의 반) − (지름이 8cm인 원의 넓이의 반) $= 12 \times 12 \times 3 \div 2 - 4 \times 4 \times 3 \div 2 = 216 - 24 = 192$(cm^2)입니다.

●●

12 (색칠한 부분의 둘레) = (반지름이 6cm인 원의 원주) + (직사각형의 둘레) $= 6 \times 2 \times 3.14 + (12 + 6) \times 2 = 37.68 + 36 = 73.68$(cm)입니다.

●●●

13 (사용한 끈의 길이) = (반지름이 20cm인 원의 원주) + (직선 부분의 길이의 합) $= 20 \times 2 \times 3.14 + 20 \times 8 = 125.6 + 160 = 285.6$(cm)입니다.

●●●

14 작은 원의 반지름을 □cm라 하면 □×□×3 = 75, □×□= 25, □= 5입니다. 따라서 (큰 원의 지름) = 26 − 5 × 2 = 16(cm)이므로 (큰 원의 원주) = 16 × 3 = 48(cm)입니다.

●●●

15 (색칠한 부분의 넓이) = (반지름이 24m인 원의 넓이)−(반지름이 12m인 원의 넓이) +(직사각형의 넓이) × 2
$= 24 \times 24 \times 3 - 12 \times 12 \times 3 + (24 - 12) \times 80 \times 2 = 1728 - 432 + 1920 = 3216(m^2)$
입니다.

●●●

16 (색칠한 부분의 넓이) = (반지름이 10cm인 원의 넓이) × $\frac{1}{4}$ −(지름이 10cm인 원의 넓이) × $\frac{1}{2}$ −(한 변의 길이가 5cm인 정사각형의 넓이)
$= 10 \times 10 \times 3 \times \frac{1}{4} - 5 \times 5 \times 3 \times \frac{1}{2} - 5 \times 5$
$= 75 - 37.5 - 25 = 12.5(cm^2)$입니다.

●●●

17 (겹쳐진 부분의 넓이) = (반지름이 10cm인 원의 넓이) × $\frac{1}{2} = 10 \times 10 \times 3 \times \frac{1}{2} = 150(cm^2)$입니다.
(직사각형의 넓이) $= 150 \div \frac{5}{6} = 150 \times \frac{6}{5} = 180(cm^2)$이므로 (직사각형의 가로) $= 180 \div 20 = 9(cm)$입니다. 따라서 (직사각형의 둘레)$= (9 + 20) \times 2 = 58(cm)$입니다.

●●●●

18 (색칠한 부분의 둘레) = (직사각형의 둘레) + (반지름이 16cm인 원의 원주)
$= (16 \times 2 + 10) \times 2 + 16 \times 2 \times 3 = 84 + 96$
$= 180(cm)$입니다.

●●●●

19 큰 원의 반지름을 ㉠cm라 하면
㉠ × ㉠ × 3 = 108, ㉠ × ㉠ = 36, ㉠ = 6입니다.
작은 원의 반지름을 ㉡cm라 하면 두 원의 원주의 차는 6 × 2 × 3 − ㉡ × 2 × 3 = 18,
36 − ㉡ × 6 = 18, ㉡ × 6 = 18, ㉡ = 3입니다.

●●●●

20 색칠한 두 부분의 넓이가 같으므로 (삼각형의 넓이) = (지름이 20cm인 원의 넓이의 반)입니다. 따라서 삼각형의 높이를 □cm라 하면
20 ×□ ÷ 2 = 10 × 10 × 3.14 ÷ 2,
20 ×□ ÷ 2 = 157, 20 ×□ = 314, □ = 15.7입니다.

6 원기둥, 원뿔, 구

1	78.5cm²	2	38cm	3	360cm²	4	20cm
5	66.24cm	6	737.8cm²	7	87.92cm	8	30cm²
9	111.6cm²	10	75cm²	11	3cm	12	14cm
13	164.8cm	14	16cm	15	6cm	16	164cm
17	108cm²	18	24cm	19	4cm	20	10바퀴

●

01 구를 앞에서 본 모양은 반지름이 5cm인 원입니다. 따라서 (원의 넓이) $= 5 \times 5 \times 3.14 = 78.5(cm^2)$입니다.

●

02 원기둥을 앞에서 본 모양은 가로가 8cm이고, 세로가 11cm인 직사각형입니다. 따라서 (앞에서 본 모양의 둘레) $= (8 + 11) \times 2 = 38(cm)$입니다.

●

03 (옆면의 가로) = (밑면의 둘레) $= 5 \times 2 \times 3 = 30(cm)$입니다. 따라서 (옆면의 넓이) $= 30 \times 12 = 360(cm^2)$입니다.

●

04 지름을 기준으로 반원 모양의 종이를 1바퀴 돌리면 돌리기 전의 반원과 반지름이 같은 구가 만들어집니다. 따라서 (구의 지름) $= 10 \times 2 = 20$(cm)입니다.

●

05 (옆면의 가로) = (밑면의 둘레) $= 4 \times 2 \times 3.14 = 25.12$(cm)입니다. 따라서 (옆면의 둘레) $= (25.12 + 8) \times 2 = 66.24$(cm)입니다.

●

06 (밑면의 둘레) $= 7 \times 2 \times 3.1 = 43.4$(cm)이므로 (옆면의 넓이) $= 43.4 \times 10 = 434$(cm^2)입니다. (한 밑면의 넓이) $= 7 \times 7 \times 3.1 = 151.9$($cm^2$)입니다. 따라서 (전개도의 넓이) = (한 밑면의 넓이) $\times 2$ + (옆면의 넓이) $= 151.9 \times 2 + 434 = 737.8$ (cm^2)입니다.

●●

07 구의 중심을 지나도록 잘랐을 때 생기는 면이 가장 넓습니다. 따라서 (자른 면의 둘레) $= 14 \times 2 \times 3.14 = 87.92$(cm)입니다.

●●

08 돌리기 전의 평면도형은 밑변의 길이가 5cm이고, 높이가 12cm인 직각삼각형입니다. 따라서 (돌리기 전의 평면도형의 넓이) $= 5 \times 12 \div 2 = 30$($cm^2$)입니다.

●●

09 원기둥을 앞에서 본 모양은 세로가 15cm인 직사각형입니다. 직사각형의 가로는 원기둥의 밑면의 지름과 같습니다. 밑면의 지름을 □cm라 하면 □$\times 15 = 180$, □$= 12$입니다. 따라서 (원기둥의 밑면의 넓이) $= 6 \times 6 \times 3.1 = 111.6$($cm^2$)입니다.

●●

10 밑면의 둘레를 □cm라 하면 □$\times 4 + 12 \times 2 = 144$, □$\times 4 + 24 = 144$, □$\times 4 = 120$, □$= 30$입니다. 따라서 (밑면의 반지름) $= 30 \div 3 \div 2 = 5$(cm)이므로 (한 밑면의 넓이) $= 5 \times 5 \times 3 = 75$($cm^2$)입니다.

●●

11 (옆면의 가로) $= 186 \div 10 = 18.6$(cm)입니다. 밑면의 반지름을 □cm라 하면 □$\times 2 \times 3.1 = 18.6$, □$\times 6.2 = 18.6$, □$= 3$입니다.

●●

12 밑면의 반지름을 □cm라 하면 □$\times$□$\times 3 = 108$, □$\times$□$= 36$, □ $= 6$입니다. (밑면의 둘레) $= 6 \times 2 \times 3 = 36$(cm)이므로 (원기둥의 높이) = (옆면의 세로) $= 504 \div 36 = 14$(cm)입니다.

●●●

13 직사각형 모양의 종이를 1바퀴 돌리면 밑면의 반지름이 6cm이고, 높이가 8cm인 원기둥이 만들어집니다. (밑면의 둘레) $= 6 \times 2 \times 3.1 = 37.2$(cm)이므로 (옆면의 둘레) $= (37.2 + 8) \times 2 = 90.4$(cm)입니다. 따라서 (전개도의 둘레) $= 37.2 \times 2 + 90.4 = 164.8$(cm)입니다.

●●●

14 (옆면의 넓이) $= 2880 \div 4 = 720$(cm^2)이므로 (밑면의 둘레) $= 720 \div 15 = 48$(cm)입니다. 따라서 밑면의 지름을 □cm라 하면 □$\times 3 = 48$, □$= 16$입니다.

●●●

15 가로를 기준으로 돌려 만든 입체도형을 앞에서 본 모양은 가로가 9cm, 세로가 12cm인 직사각형이므로 (둘레) $= (9 + 12) \times 2 = 42$(cm)입니다. 세로를 기준으로 돌려 만든 입체도형을 앞에서 본 모양은 가로가 18cm, 세로가 6cm인 직사각형이므로 (둘레) $= (18 + 6) \times 2 = 48$(cm)입니다. 따라서 (둘레의 차) $= 48 - 42 = 6$(cm)입니다.

●●●

16 (옆면의 가로) = (밑면의 둘레) $= 6 \times 2 \times 3 = 36$(cm)입니다. 옆면을 최대한 넓게 그리려면 (옆면의 세로) = (종이의 세로) − (밑면의 지름) $\times 2 = 34 - 6 \times 2 \times 2 = 10$(cm)입니다. 따라서

(전개도의 둘레) $= 36 \times 4 + 10 \times 2 = 164$(cm)입니다.

●●●

17 원기둥의 밑면의 둘레를 ㉠cm라 하면 ㉠$\times 4 + 12 \times 2 = 240$, ㉠$\times 4 = 216$, ㉠$= 54$입니다. 밑면의 반지름을 ㉡cm라 하면 ㉡$\times 2 \times 3 = 54$, ㉡$\times 6 = 54$, ㉡$= 9$입니다. 따라서 돌리기 전의 평면도형은 가로가 9cm이고, 세로가 12cm인 직사각형이므로
(넓이) $= 9 \times 12 = 108$(cm^2)입니다.

●●●●

18 밑면의 반지름을 □cm라 하면 □×□$\times 3 = 48$, □×□$= 16$, □$= 4$입니다.
(옆면의 가로) = (밑면의 둘레) $= 4 \times 2 \times 3 = 24$(cm)이므로 (옆면의 세로) = 24cm입니다.
따라서 (원기둥의 높이) = (옆면의 세로) = 24cm입니다.

●●●●

19 직각삼각형의 밑변의 길이를 □cm라 하면 만들어진 입체도형을 앞에서 본 모양은 (윗변의 길이) = 4cm, (아랫변의 길이) = (□$\times 2 + 4$)cm, (높이) = 9cm인 사다리꼴입니다.
따라서 사다리꼴의 넓이가 72cm^{2}이므로
($4 +$□$\times 2 + 4$)$\times 9 \div 2 = 72$,
(□$\times 2 + 8$)$\times 9 = 144$, □$\times 2 + 8 = 16$,
□$\times 2 = 8$, □$= 4$입니다.

●●●●

20 (밑면의 둘레) $= 1.5 \times 2 \times 3.1 = 9.3$(cm)이므로 (옆면의 넓이) $= 9.3 \times 13 = 120.9$(cm^2)입니다.
(롤러를 1바퀴 굴렸을 때 색칠되는 넓이) = (원기둥의 옆넓이)이므로 색칠된 부분의 넓이가 1209cm^{2}가 되려면 롤러를 $1209 \div 120.9 = 10$(바퀴) 굴려야 합니다.

2학기말 평가

1	6상자	2	9개	3	$1\frac{3}{7}$cm	4	5개
5	56.52cm	6	3	7	$1\frac{9}{20}$	8	10개
9	$\frac{1}{12}$L	10	74.4cm	11	27번	12	250cm^2
13	3개	14	24L	15	15명	16	8번
17	13:14	18	264m^2	19	4일	20	70cm

●

01 두 사람이 캔 감자와 고구마는 모두 $11 + 14.2 = 25.2$(kg)입니다. 따라서 감자와 고구마를 담은 상자는 $25.2 \div 4.2 = 6$(상자)가 됩니다.

●

02 앞과 옆에서 본 모양을 보고 위에서 본 모양의 각 자리에 쌓인 쌓기나무의 개수를 쓰면 다음과 같습니다. 따라서 똑같은 모양으로 쌓는 데 필요한 쌓기나무는 $2 + 3 + 2 + 1 + 1 = 9$(개)입니다.

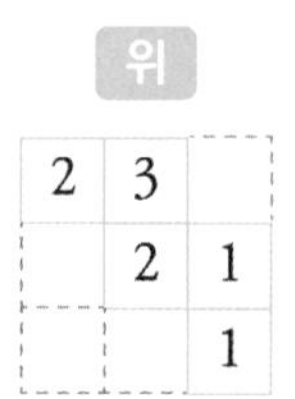

●

03 높이를 □cm라 하면 삼각형의 넓이는 □$\times \frac{2}{5} \div 2 = \frac{2}{7}$입니다. 따라서 □$= \frac{2}{7} \times 2 \div \frac{2}{5} = \frac{4}{7} \div \frac{2}{5} = \frac{\cancel{4}^{2}}{7} \times \frac{5}{\cancel{2}_{1}} = \frac{10}{7} = 1\frac{3}{7}$입니다.

●

04 $\frac{6}{7} \div \frac{2}{7} = 3$이고, $\frac{18}{32} \div \frac{1}{16} = \frac{18}{32} \div \frac{2}{32} = 9$이므로 $3 <$ □ < 9입니다. 따라서 □ 안에 들어갈 수 있는 자연수는 4, 5, 6, 7, 8로 모두 5개입니다.

●

05 만들 수 있는 가장 큰 원의 지름은 18cm입니다. 따라서 (원의 둘레) $=18\times3.14=56.52$(cm)입니다.

●

06 $16\div44=0.3636363\cdots\cdots$이므로 몫의 소수점 아래 자릿수가 홀수이면 3이고, 짝수이면 6입니다. 따라서 몫의 소수 17번째 자리 숫자는 3입니다.

●●

07 ㉠은 $3\frac{2}{6}=3\frac{1}{3}$이고, ㉡은 $4\frac{5}{6}$입니다. 따라서

㉡ ÷ ㉠ $=4\frac{5}{6}\div3\frac{1}{3}=\frac{29}{6}\div\frac{10}{3}=\frac{29}{\cancel{6}_2}\times\frac{\cancel{3}^1}{10}$

$=\frac{29}{20}=1\frac{9}{20}$입니다.

●●

08 앞과 옆에서 본 모양을 보고 위에서 본 모양의 각 자리에 쌓인 쌓기나무의 개수를 쓰면 다음과 같습니다. 따라서 필요한 쌓기나무는 $2+3+2+1+1+1=10$(개)입니다.

위

	2	
	3	2
1	1	1

●●

09 (벽의 넓이) $=4\frac{1}{3}\times2\frac{4}{7}=\frac{13}{\cancel{3}_1}\times\frac{\cancel{18}^6}{7}=\frac{78}{7}=$ $11\frac{1}{7}$(m^2)입니다. 따라서 (1m^{2}의 벽을 칠하는 데 사용한 페인트의 양) $=\frac{13}{14}\div11\frac{1}{7}=\frac{13}{14}\div$ $\frac{78}{7}=\frac{\cancel{13}^1}{\cancel{14}_2}\times\frac{\cancel{7}^1}{\cancel{78}_6}=\frac{1}{12}$(L)입니다.

●●

10 (색칠한 부분의 둘레) = (반지름이 12cm인 원의 원주) $\times\frac{1}{4}\times4=12\times2\times3.1\times\frac{1}{4}\times4$ $=74.4$(cm)입니다.

●●

11 톱니바퀴 ㉡이 18번 돌 때 톱니바퀴 ㉠이 □번 돈다고 하면 $18:12=$ □ $:18$이므로 18×18 $=12\times$□, $12\times$□$=324$, □$=27$입니다.

●●

12 (색칠한 부분의 넓이) = (정사각형의 넓이) − (반지름이 10cm인 원의 넓이) $\times\frac{1}{4}\times2$

$=20\times20-10\times10\times3\times\frac{1}{4}\times2=400-150$

$=250$(cm^2)입니다.

●●●

13 (2층에 있는 쌓기나무의 개수) = (2 이상인 수가 쓰여 있는 칸의 개수) = 8개이고,
(3층에 있는 쌓기나무의 개수) = (3 이상인 수가 쓰여 있는 칸의 개수) = 5개입니다.
따라서 2층에 있는 쌓기나무는 3층에 있는 쌓기나무보다 $8-5=3$(개) 더 많습니다.

●●●

14 영우가 처음에 가지고 있던 물의 양을 □L라 하면 마시고 남은 물의 양은 30L이므로

□$\times\left(1-\frac{2}{7}\right)\times\left(1-\frac{1}{6}\right)\times\left(1-\frac{2}{5}\right)=30$,

□$\times\frac{5}{7}\times\frac{\cancel{5}^1}{\cancel{6}_2}\times\frac{\cancel{3}^1}{\cancel{5}_1}=30$, □$\times\frac{5}{14}=30$,

□$=30\div\frac{5}{14}=\cancel{30}^6\times\frac{14}{\cancel{5}_1}=84$ (L)입니다.

따라서 영우가 아침에 마신 물의 양은 $84\times\frac{2}{7}=24$(L)입니다.

●●●

15 (다음 달 남학생 수) $=390\times\frac{7}{7+6}=390\times\frac{7}{13}$ $=210$(명)이고, (다음 달 여학생 수) $=390\times$ $\frac{6}{7+6}=390\times\frac{6}{13}=180$(명)이 됩니다.
이번 달 여학생 수를 □명이라 하면
$14:13=210:$ □이므로 $14\times$□$=13\times210$,
$14\times$□$=2730$, □$=195$입니다.

따라서 (전학을 가는 여학생 수) = 195 − 180 = 15 (명)입니다.

●●●

16 (원판 ㉠이 20번 도는 동안 움직이는 거리) = (반지름이 4cm인 원의 원주)×20 = 4×2×3.14×20 = 502.4(cm)입니다. (원판 ㉡이 한 번 돌 때 움직이는 거리) = (반지름이 10cm인 원의 원주) = 10×2×3.14 = 62.8(cm)입니다. 따라서 (원판 ㉡이 도는 횟수) = 502.4 ÷ 62.8 = 8(번)입니다.

●●●

17 정사각형 ㉠의 넓이의 $\frac{10}{13}$과 정사각형 ㉡의 넓이의 $\frac{5}{7}$가 같으므로 ㉠ × $\frac{10}{13}$ = ㉡ × $\frac{5}{7}$ 입니다. 따라서 ㉠ : ㉡ = $\frac{5}{7}$: $\frac{10}{13}$이므로 간단한 자연수의 비로 나타내면 $\frac{5}{7}$: $\frac{10}{13}$ ⇨ 13 : 14입니다.

●●●●

18

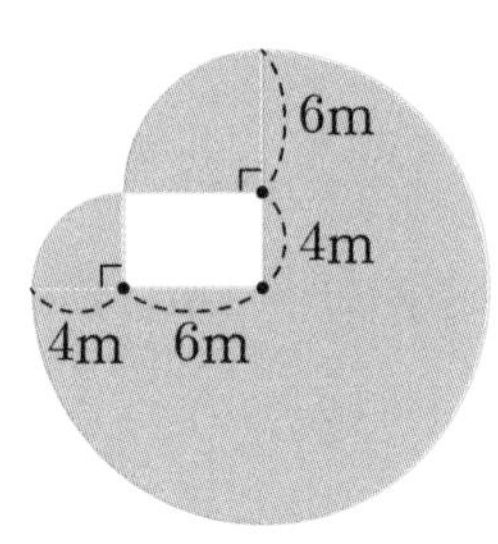

강아지가 움직일 수 있는 부분을 색칠해 보면 다음과 같습니다.
(움직일 수 있는 부분의 넓이) = (반지름이 10m인 원의 넓이) × $\frac{3}{4}$ + (반지름이 6m인 원의 넓이) × $\frac{1}{4}$ + (반지름이 4m인 원의 넓이) × $\frac{1}{4}$ = $10 \times 10 \times 3 \times \frac{3}{4} + 6 \times 6 \times 3 \times \frac{1}{4} + 4 \times 4 \times 3 \times \frac{1}{4} = 225 + 27 + 12 = 264(m^2)$입니다.

●●●●

19 전체 일의 양을 1이라 하면 (혜진이와 수빈이가 한 일의 양) = $\frac{1}{8} + \frac{1}{4} = \frac{3}{8}$이고, (다온이가 한 일의 양) = $\left(1 - \frac{3}{8}\right) = \frac{5}{8}$입니다.
(혜진이가 하루에 할 수 있는 일의 양) = $\frac{1}{8} \div 2 = \frac{1}{16}$이고, (수빈이가 하루에 할 수 있는 일의 양) = $\frac{1}{4} \div 4 = \frac{1}{16}$이고, (다온이가 하루에 할 수 있는 일의 양) = $\frac{5}{8} \div 5 = \frac{1}{8}$입니다.
따라서 (세 사람이 하루에 할 수 있는 일의 양) = $\frac{1}{16} + \frac{1}{16} + \frac{1}{8} = \frac{4}{16} = \frac{1}{4}$이므로 세 사람이 처음부터 함께 하면 이 일을 끝내는 데 4일이 걸립니다.

●●●●

20 (원기둥의 밑면의 둘레) = 173.6 ÷ 4 = 43.4(cm)이므로 (밑면의 지름) = 43.4 ÷ 3.1 = 14(cm)입니다. 원기둥의 높이를 □cm라 하면 2 : 3 = 14 : □이므로 2×□ = 3×14, 2×□ = 42, □ = 21입니다. 따라서 이 원기둥을 앞에서 본 모양은 가로가 14cm, 세로가 21cm인 직사각형이므로 (둘레) = (14 + 21)×2 = 70(cm)입니다.

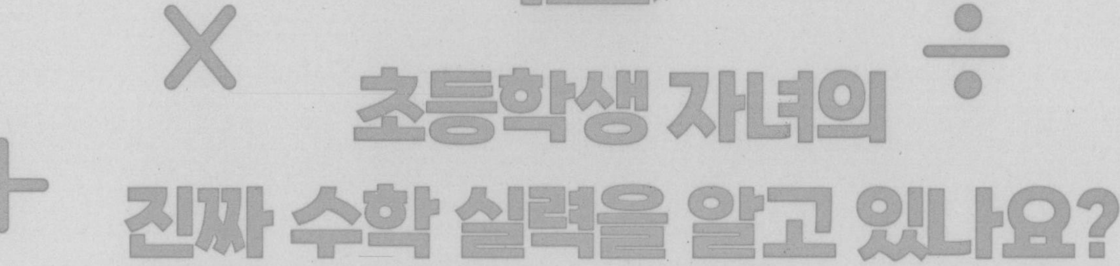

쉬운 초등학교 시험과 지금 풀고 있는 문제집의 수준은 절대로 객관적인 수학 실력을 판단하는 기준이 될 수 없다. 대부분의 초등 부모님이 갖고 있는 '내 아이는 수학을 잘해!'라는 착각에서 벗어나야 한다. 내 아이가 수학을 잘한다는 착각에 빠져 실력이 맞지 않는 상위권 학원에 보내고, 좌절감만 주는 심화 문제집을 푼다면 오히려 심각한 역효과를 낼 뿐이다.

아이의 수준을 정확하게 파악해야 알맞은 공부 계획을 세우고 진짜 수학 실력을 제대로 높일 수 있다. 진짜 수학을 잘한다는 것은 성적으로 줄 세우기 위해 어렵게 출제되는 중 · 고등학교 시험을 잘 볼 수 있는 실력을 갖추는 것이다. 앞으로 어떻게 공부하느냐에 따라 얼마든지 점수가 더 좋아질 수도, 더 나빠질 수도 있다. 이 책을 통해 집에서 내 아이의 진정한 수학 실력을 정확하게 파악하고 점검해 보자.

이 책의 특징과 장점

- 초등 6학년 단원별 단원 평가와 학기말 평가를 수록했다.
- 단원별, 난이도별 결과 분석을 통해 부족한 부분에 대한 공부 계획을 세울 수 있다.
- 각 평가의 점수를 통해 현재 실력으로 예상할 수 있는 고등학교 등급을 알려 준다.
- 각 평가의 점수를 통해 아이에게 알맞은 학습 목표와 문제집을 추천해 준다.
- 정해진 평가 시간에 실수하지 않고 시험을 잘 보는 연습을 할 수 있다.
- 교과 연계성이 높은 고난도 문제를 엄선 수록하여 문제해결력을 정확히 점검하고 강화할 수 있다.
- 선행 학습이 필요 없는, 깊이 생각해서 풀 수 있는 심화 문제를 풀어 봄으로써 사고력을 기를 수 있다.
- 해설에서 어떤 과정을 거쳐 정답에 접근하는지 사고의 흐름과 풀이 방향을 제공해 준다.

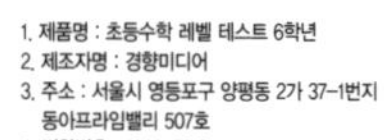
1. 제품명 : 초등수학 레벨 테스트 6학년
2. 제조자명 : 경향미디어
3. 주소 : 서울시 영등포구 양평동 2가 37-1번지 동아프라임밸리 507호
4. 전화번호 : 1644-5613
5. 제조국 : 대한민국
6. 사용연령 : 8세 이상
7. 제조연월 : 2024년 2월
8. 취급상 주의사항
   - 종이에 베이거나 긁히지 않도록 조심하세요.
   - 책 모서리가 날카로우니 던지거나 떨어뜨리지 마세요.

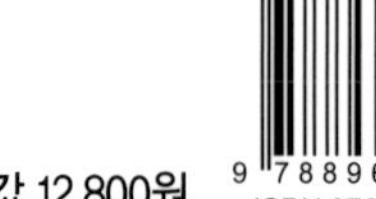

63410

9 788965 183457

값 12,800원

ISBN 978-89-6518-345-7

초등수학 점수는 진짜 실력이 아니다

5 학년

학교 점수는 잘 나오는데 왜 심화 문제는 못 풀까?
초등수학 레벨을 제대로 알면 중·고등 수학이 쉬워진다!

이윤원·이세영 지음

단원별 자가 진단표

예상 고등수학 등급

학습 성취도 분석

추천 문제집

경향미디어